Sascha Fiedler

Gewässergütebeurteilung von Klärwasser beeinflussten Bachsystemen

Sascha Fiedler

Gewässergütebeurteilung von Klärwasser beeinflussten Bachsystemen

Analyse, Bewertung und Vergleich, sowie Auswirkungen, Entwicklungsziele und Optimierungsmaßnahmen

Südwestdeutscher Verlag für Hochschulschriften

Impressum / Imprint
Bibliografische Information der Deutschen Nationalbibliothek: Die Deutsche Nationalbibliothek verzeichnet diese Publikation in der Deutschen Nationalbibliografie; detaillierte bibliografische Daten sind im Internet über http://dnb.d-nb.de abrufbar.
Alle in diesem Buch genannten Marken und Produktnamen unterliegen warenzeichen-, marken- oder patentrechtlichem Schutz bzw. sind Warenzeichen oder eingetragene Warenzeichen der jeweiligen Inhaber. Die Wiedergabe von Marken, Produktnamen, Gebrauchsnamen, Handelsnamen, Warenbezeichnungen u.s.w. in diesem Werk berechtigt auch ohne besondere Kennzeichnung nicht zu der Annahme, dass solche Namen im Sinne der Warenzeichen- und Markenschutzgesetzgebung als frei zu betrachten wären und daher von jedermann benutzt werden dürften.

Bibliographic information published by the Deutsche Nationalbibliothek: The Deutsche Nationalbibliothek lists this publication in the Deutsche Nationalbibliografie; detailed bibliographic data are available in the Internet at http://dnb.d-nb.de.
Any brand names and product names mentioned in this book are subject to trademark, brand or patent protection and are trademarks or registered trademarks of their respective holders. The use of brand names, product names, common names, trade names, product descriptions etc. even without a particular marking in this works is in no way to be construed to mean that such names may be regarded as unrestricted in respect of trademark and brand protection legislation and could thus be used by anyone.

Coverbild / Cover image: www.ingimage.com

Verlag / Publisher:
Südwestdeutscher Verlag für Hochschulschriften
ist ein Imprint der / is a trademark of
AV Akademikerverlag GmbH & Co. KG
Heinrich-Böcking-Str. 6-8, 66121 Saarbrücken, Deutschland / Germany
Email: info@svh-verlag.de

Herstellung: siehe letzte Seite /
Printed at: see last page
ISBN: 978-3-8381-3656-1

Copyright © 2013 AV Akademikerverlag GmbH & Co. KG
Alle Rechte vorbehalten. / All rights reserved. Saarbrücken 2013

Inhaltsverzeichnis

Inhaltsverzeichnis I
Abkürzungsverzeichnis III
Abbildungsverzeichnis IV
Tabellenverzeichnis V
1 Einleitung 1
2 Untersuchungsgebiet 3
   2.1 Lage 3
   2.2 Geographie und Geologie 4
   2.3 Landschaft und Vegetation 5
   2.4 Hydrographie und Boden 5
   2.5 Klima 9
   2.6 Abwasserentsorgung 13
   2.7 Auswahl und Lage der Probenstellen 15
      2.7.1 Holzfeld und Rheinbay 15
         2.7.1.1 Burbach 16
         2.7.1.2 Patelsbach 18
      2.7.2 Oppenhausen 20
         2.7.2.1 Bachebächelchen 21
         2.7.2.2 Eltesbächelchen 23
3 Untersuchungsmethoden 25
   3.1 Messmethoden 25
      3.1.1 Breite und Tiefe der Probenstellen 26
      3.1.2 Strömungsgeschwindkeit 26
      3.1.3 Leitfähigkeit und Temperatur 26
      3.1.4 pH-Wert 27
      3.1.5 Konzentration und Sättigung des Sauerstoffs 27
      3.1.6 Biologischer Sauerstoffbedarf 28
      3.1.7 Chemischer Sauerstoffbedarf 28
      3.1.8 Ortho-Phosphat, Nitrat, Nitrit und Ammonium 29
   3.2 Probenahme 30
      3.2.1 Chemisch-physikalisch 30
      3.2.2 Biologisch 31

3.3 Methoden der Wassergütebeurteilung 32
   3.3.1 Chemisch-physikalisch 32
   3.3.2 Biologisch 33
4 Ergebnisse 37
   4.1 Holzfeld und Rheinbay 37
      4.1.1 Burbach 37
      4.1.2 Patelsbach 38
   4.2 Oppenhausen 39
      4.2.1 Bachebächelchen 39
      4.2.2 Eltesbächelchen 40
5 Diskussion 42
   5.1 Ergebnisdiskussion 42
      5.1.1 Gewässerzustand und Verunreinigungsquellen 42
         5.1.1.1 Burbach 42
         5.1.1.2 Bachebächelchen 50
      5.1.2 Gegenüberstellung mit Referenzgewässern 54
         5.1.2.1 Patelsbach und Burbach 55
         5.1.2.2 Eltesbächelchen und Bachbächelchen 57
         5.1.2.3 Zusammenfassende Gegenüberstellung 59
      5.1.3 Kläranlagenverfahren und rechtliche Vorgaben 59
         5.1.3.1 Teichkläranlage Holzfeld 60
         5.1.3.2 Kläranlage Oppenhausen 61
   5.2 Entwicklungsziele und Maßnahmen 63
   5.3 Methodendiskussion 66
6 Fazit 69
7 Zusammenfassung 71
Literaturverzeichnis 73
Anhangsverzeichnis VII
   Anhang I VIII
   Anhang II XI
   Anhang III XIX
   Anhang IV XXIII

Abkürzungsverzeichnis

BfN	Bundesamt für Naturschutz
BMU	Bundesministerium für Umwelt, Naturschutz und Reaktorsicherheit
BSB	Biologischer Sauerstoffbedarf
BSB_5	5-tägiger biologischer Sauerstoffbedarf
CI	Chemischer Index
CSB	Chemischer Sauerstoffbedarf
EG-WRRL	Europäische Wasserrahmenrichtlinie
IAG	Institut für Gewässerforschung und Gewässerschutz
LANIS	Landschaftsinformationssystem der Naturschutzverwaltung
LGB	Landesamt für Geologie und Bergbau
LUWG	Landesamt für Umwelt, Wasserwirtschaft und Gewerbeaufsicht
MN	Macherey-Nagel
N_{ges}	Gesamt-Stickstoff
Nitrat-N	Nitrat-Stickstoff
P_{ges}	Gesamt-Phosphor
RlP	Rheinland-Pfalz
SGD	Struktur und Genehmigungsdirektion Süd
UfU	Unabhängiges Institut für Umweltfragen
WTW	Wissenschaftlich-Technische Werkstätten

Abbildungsverzeichnis

Abbildung 2-1: Großräumige Lage der Untersuchungsgebiete 3
Abbildung 2-2: Klimadiagramm der Niederschläge und Temperaturen 10
Abbildung 2-3: Monatsmittel der Temperaturen 11
Abbildung 2-4: Monatsmittel der Niederschläge 12
Abbildung 2-5: Lage der Probenstellen im Burbach 16
Abbildung 2-6: Burbach, Probenstelle A3 18
Abbildung 2-7: Lage der Probenstellen im Patelsbach 19
Abbildung 2-8: Patelsbach, Probenstelle B2 20
Abbildung 2-9: Lage der Probenstellen im Bachebächelchen 22
Abbildung 2-10: Bachebächelchen, Probenstelle C2 22
Abbildung 2-11: Lage der Probenstellen im Eltesbächelchen 24
Abbildung 2-12: Eltesbächelchen, Probenstelle D2 24
Abbildung 0-1: Kurve der temperaturabhängigen Subindices IV
Abbildung 0-2: Kurve der sauerstoffabhängigen Subindices V
Abbildung 0-3: Kurve der BSB5 abhängigen Subindices VI
Abbildung 0-4: Kurve der pH-abhängigen Subindices VII
Abbildung 0-5: Kurve der nitratabhängigen Subindices VIII
Abbildung 0-6: Kurve der phosphatabhängigen Subindices IX
Abbildung 0-7: Kurve der ammoniumabhängigen Subindices X
Abbildung 0-8: Kurve der leitfähigkeitsabhängigen Subindices XI

Tabellenverzeichnis

Tabelle 1: Übersicht der hydrologischen Verhältnisse 9
Tabelle 2: Übersicht der Probenstellen in Holzfeld 15
Tabelle 3: Übersicht der Probenstellen in Rheinbay 16
Tabelle 4: Übersicht der Probenstellen in Oppenhausen 20
Tabelle 5: Gütegliederung anhand des Chemischen Index' 33
Tabelle 6: Formeln zur Berechnung des Saprobienindex' 36
Tabelle 7: Häufigkeitswerte zur Berechnung des Saprobienindex' ...36
Tabelle 8: Gütegliederung anhand des Saprobienindex' 36
Tabelle 9: Untersuchungsergebnisse des Burbachs 38
Tabelle 10: Untersuchungsergebnisse des Patelsbaches 39
Tabelle 11: Untersuchungsergebnisse des Bachebächelchens 40
Tabelle 12: Untersuchungsergebnisse des Eltesbächelchens 41
Tabelle 13: Subindices der Temperatur IV
Tabelle 14: Subindices des Sauerstoffgehaltes V
Tabelle 15: Subindices des BSB_5 VI
Tabelle 16: Subindices des pH-Wertes VII
Tabelle 17: Subindices des Nitratgehaltes VIII
Tabelle 18: Subindices des des Phosphatgehaltes IX
Tabelle 19: Subindices des Ammoniumgehaltes X
Tabelle 20: Subindices der Leitfähigkeit XI
Tabelle 21: Gütegliederung anhand des Chemischen Index' XII
Tabelle 22: Probenstelle A1, Berechnung des CI XII
Tabelle 23: Probenstelle A2, Berechnung des CI XII
Tabelle 24: Probenstelle A3, Berechnung des CI XIII
Tabelle 25: Probenstelle B1, Berechnung des CI XIII
Tabelle 26: Probenstelle B2, Berechnung des CI XIII
Tabelle 27: Probenstelle C1, Berechnung des CI XIV
Tabelle 28: Probenstelle C2, Berechnung des CI XIV

Tabelle 29: Probenstelle D1, Berechnung des CI XV
Tabelle 30: Probenstelle D2, Berechnung des CI XV
Tabelle 31: Liste gefundener Arten...XVI
Tabelle 32: Berechnung der Gewässergüteklassen XVI

1 Einleitung

Wasser sei keine übliche Handelsware, sondern ein ererbtes Gut, das geschützt, verteidigt und entsprechend behandelt werden muss, heißt es in der Präambel der EG-Wasserrahmenrichtlinie (EG-WRRL, 2000/60/EG). Daraus ableitend verfolgt die EG-WRRL im Wesentlichen das Ziel eines europäischen Gewässerschutzes auf einem einheitlichen und hohen Niveau (Weber, 2004). Mittels der im Dezember 2000 in Kraft getretenen Richtlinie soll bis 2015 ein mindestens „guter ökologischer und chemischer Zustand" der Gewässer erlangt werden (BMU, 2000). Eine Fristverlängerung ist dabei bis 2027 grundsätzlich möglich. Insbesondere für Grundwasser und Oberflächengewässer soll dieses Ziel über Instrumente, wie den flusseinzugsgebietsbezogenen Bewirtschaftungsplänen und ganzheitlichen Bewertungsansätzen sowie Maßnahmenprogramme unter Beteiligung der Öffentlichkeit, erlangt werden. Der bis in die landesweite Umsetzung reichende Ordnungsrahmen für eine kohärente und nachhaltige Wasserwirtschaft betrifft somit auch das Land Rheinland-Pfalz. Über Monitoring Programme und weiträumige Bestandsaufnahmen konnte für die größeren Gewässer bereits 2005 ein Bericht des rheinland-pfälzischen Ministeriums für Umwelt fristgerecht bei der Kommission vorgelegt werden. Ein Bewirtschaftungsplan mit Maßnahmenprogrammen für die Gewässer in Rheinland-Pfalz wurde 2009 veröffentlicht (Umweltministerium Rlp, 2009).
Im Zuge des Gewässerschutzes der EG-WRRL sowie der Energieoptimierung kommunaler Kläranlagen sollen im Rahmen der vorliegenden Arbeit im Gemeindegebiet Boppard liegende Bachsysteme, hinsichtlich ihres Gewässerzustandes näher betrachtet und Handlungsbedarf aufgezeigt werden. Die Untersuchung wird mittels vereinfachten qualitativen Methoden erfolgen und nachfolgende Ziele verfolgen.

Ziele der Untersuchung

1. Es wird der Fragestellung nachgegangen, in welchem Zustand sich die Gewässerqualität dreier Bäche, welche von der Einleitung vorgeklärten Abwassers beeinflusst werden oder wurden, hinsichtlich ihrer chemisch-physikalischen sowie biologischen Eigenschaften, befindet.
2. Zudem wird untersucht, welche Auswirkungen weitere Verunreinigungsquellen auf den Gewässerzustand haben.
3. Durch einen Vergleich zu nahegelegenen Referenzgewässern und der Einstufung in Gewässergüteklassen soll eine Bewertung des Gewässerzustandes erfolgen. Dabei sollen Unterschiede bei den jeweiligen Klärverfahren deutlich werden.
4. Schließlich sollen Maßnahmenvorschläge zur Optimierung abgeleitet werden.

2 Untersuchungsgebiet

Die Vorstellung des Untersuchungsgebietes erfolgt in diesem Kapitel unter folgenden Aspekten: Es soll zunächst eine kurze Beschreibung der Lage erfolgen. Anschließend wird sowohl auf die geografischen und geologischen Verhältnisse Bezug genommen als auch die Landschaft, Vegetation und der Boden genauer beschrieben. Des Weiteren werden klimatische und hydrographische Bedingungen erläutert und die derzeitige Situation der Abwasserentsorgung in den jeweiligen Gebieten aufgezeigt. Schließlich soll auf die Auswahl der Probenstellen eingegangen und ihre Lage beschrieben werden.

2.1 Lage

Die Stadt Boppard ist unmittelbar am Rhein gelegen und bildet die östliche Grenze der zehn Ortsbezirke mit teils eigenen Ortsteilen. Die Quellgebiete der untersuchten Bäche befinden sich zum einen in den süd-östlichsten Ortbezirken Rheinbay und Holzfeld, welche in den Rheinhöhen gelegen sind und zum anderen im Vorderhunsrück liegenden Oppenhausen (siehe Abbildung 2-1).

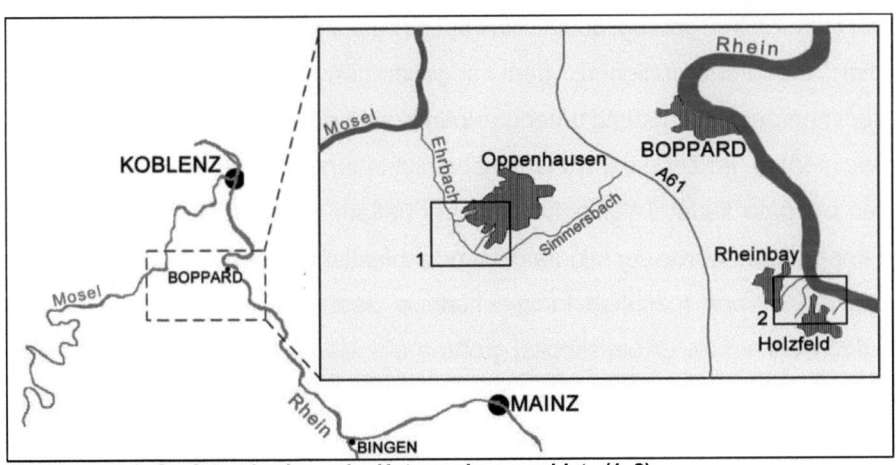

Abbildung 2-1: Großräumige Lage der Untersuchungsgebiete (1, 2)

2.2 Geographie und Geologie

Die betrachteten Bachsysteme entspringen dem Rheinischen Schiefergebirge, welches als Teil der deutschen Mittelgebirgsschwelle neben Eifel, Westerwald und Taunus auch den Hunsrück beheimatet. Als eher kleineres Gebirge des Rheinischen Schiefergebirges wird der Hunsrück von Mosel, Saar, Rhein und Nahe begrenzt. Im nord-östlichen Teil, dem Vorderhunsrück liegt auch das Gemeindegebiet Boppard. Diese zu Rheinland-Pfalz zählende Kommune umfasst rund 75 km² und befindet sich im Oberen Mittelrheintal (Gruyter, 2010). So wird das 62 km lange antezendente Durchbruchstal des Rheinstromes durch das Rheinische Schiefergebirge, zwischen Bingen und Koblenz, bezeichnet. Der Grund des Rheins sinkt von 80 m ü. NN bei Bingen auf 60 m ü. NN bei Koblenz ab. Innerhalb des Tals ist ein vielfältiger Gesteinswechsel vorzufinden. Von festen Quarziten, Sandsteinen und Grauwacken, bis hin zu mürbem Schiefer. Kalkstein findet sich im Oberen Mittelrheintal, sowie im gesamten Hunsrück jedoch nicht (BfN, 2012). Die charakteristische enge Talform entstand durch die Tiefenerosion des Rheins. Diese forderte im Laufe der Zeit auch den Einschnitt der umliegenden Bäche in ihre tiefen Kerbtäler.

Der Hunsrück ist geprägt durch seine beeindruckenden rund 400 Millionen Jahre alten Schieferformationen, dem sogenannten Hunsrückschiefer. Dieses Sedimentgestein entstand unter marinen Konditionen durch Überlagerung von Sedimenten. Im Zuge der Kontinentalverschiebung begann eine Faltenbildung des bis dato kaum Täler aufweisenden Tieflandes. Durch hohe Drücke und Temperaturen wurde der Mineralbestand schließlich umgewandelt. Aus Ton- und Siltstein wurden mächtige tonig-schiefrige Gesteinsfolgen. Das Gelände ist jedoch, bis auf die Gebirgssockel größtenteils wieder abgetragen worden. Erst seit dem Paläogen (Tertiär) wurde das Rheinische Schiefergebirge durch tektonische Hebungsprozesse wieder angehoben. Flüsse und Bäche schnitten sich in die bis dahin flachwellige Ebene ein. Hierdurch konnten die heute noch sichtbaren unterschiedlichen Hangterrassen gebildet werden. Es entstand der heutige Gebirgscharakter mit seinen Kerbtälern und plateauartigen Höhenzügen (Koenigswald & Meyer, 1994).

2.3 Landschaft und Vegetation

Während sich die Mittelgebirgslandschaft des im Hunsrück liegenden Gebietes in diverse Landschaftstypen einteilen lässt, gestalten sich die rheinnahen Untersuchungsgebiete weniger vielfältig. Die süd-west Hänge der steilen Bachtäler sind durch Stufenterrassen mit natürlicher Vegetationsentwicklung geprägt und erinnern an den dort, bis Mitte des 20. Jahrhunderts, betriebenen Weinbau. Die bewaldeten Hänge besitzen noch Niederwaldcharakter und sind Beweis für die historische Waldbewirtschaftungsform. Durch die kontinuierliche Verjüngung der Bestände wurden vor allem Baumarten gefördert, welche gut vom Stock ausschlagen. Dies sind zum Beispiel, die im Gebiet häufig vorkommenden Hainbuchen und Eichenbestände. Die Höhenterrassen werden ackerbaulich genutzt. Charakteristisch für den Vorderhunsrück wiederum sind seine bewaldeten Höhenzüge und die landwirtschaftlichen Nutzflächen unterhalb der Höhenrücken, wo der Ackerbau das Landschaftsbild prägt. Teilweise sind die tief eingeschnittenen Bachtäler auch hier mit Niederwald bestockt, teils werden sie extensiv als Wiese und Weideland genutzt, da sich die Exposition oder die mangelnde Bodenkrume kaum zur Bewirtschaftung produktiverer Hochwaldkulturen eignet. Auf den übrigen Flächen finden sich sowohl reine Nadelwaldkulturen als auch Mischwälder mit wiederum hohem Hainbuchenanteil (Braun, 2000).

2.4 Hydrographie und Boden

Sowohl im Untersuchungsgebiet Oppenhausen als auch in den Gebieten Holzfeld und Rheinbay weisen die Böden, der oberen Hauptterrassen, eine „geringe" bis „äußerst geringe" Infiltrationsfähigkeit auf. Die Fähigkeit der Wasseraufnahme ist durch die Bodenstruktur herabgesetzt. Ausgangssubstrate der Bodenbildung sind hauptsächlich quartäre Sedimente, aber auch aus der Kreidezeit und dem Tertiär stammende Lockersedimente, also über Festgestein liegende periglaziale Lagen. Hierbei handelt es sich um unvergletscherten, jedoch von Frost geprägten Ton- und Siltstein, mit Einschaltungen von Sandstein (LGB Rlp, 2008). Auf den Hängen der steilen Kerbtäler sind Ranker mit geringmächtigem Ah-Horizont oder Lockerbraunerden vorzufinden. Diese bilden sich aus Grauwackenverwitterung in durchlässigem Hangschutt. In den teilweise lehmigen Böden findet unter muldenbedingter Staunässe Pseudovergleyung statt (Brühl, 1975). Die Grundwasserlandschaft besteht hauptsächlich aus devonischem Schiefer und Grauwacken. Diese silikatischen Sedimentgesteine bilden die Poren- und Klufthohlräume für die Grundwasserleiter, welche hydrogeologisch zum Paläozoikum des südlichen Rheinischen Schiefergebirges gezählt werden (GeoPortal Wasser Rlp, 2012).

Die oberirdischen Einzugsgebiete der untersuchten Gewässersysteme liegen zwischen 0,4 und 1,9 km² Fläche (siehe Tabelle 1). Eine detaillierte Karte der einzelnen Bäche befindet sich in Kapitel 2.7. Die beiden in Oppenhausen liegenden Gewässer **Bachebächelchen** und **Eltesbächelchen** befinden sich westlich des Hunsruckhöhenzuges, auf welchem die Hunsrückhöhenstraße und die Autobahntrasse A61 streckenweise verlaufen (siehe Abbildung 2-1). Mit rund 450 m Höhe ü. NN bildet dieser Höhenzug die Hauptwasserscheide zwischen Untermosel und Mittelrhein. Beide genannten Bäche treten als Sickerquellen aus den devonischen Kluftgrundwasserleitern hervor und fließen in südwestliche Richtung, um letztlich in den Erbach zu münden. Der Ursprung des Bachebächelchens befindet sich auf 293 m Höhe ü. NN. Wenige Meter darunter, auf 286 m Höhe ü. NN, befindet sich eine Kläranlage. Die Einleitung des vorgeklärten Abwassers erfolgt nach 234 m bachabwärts. Nach etwa 800 m und 900 m, vom eigentlichen Quellgebiet entfernt, treten zwei kurze, wahrscheinlich nur periodisch vorhandene, Seitenzuflüsse ein. Die Höhendifferenz vom

Ursprung zur Mündung, welche auf 135 m ü. NN liegt, beträgt 158 m und ergibt über die Länge des Baches von 1,21 km ein mittleres Gefälle von rund 13 %. Damit ist das mittlere Gefälle im Vergleich zum Referenzbach Eltesbächelchen mehr als doppelt so groß. Seine beiden Quellgebiete liegen auf 320 m und 330 m Höhe ü. NN und sind etwa 400 m voneinander entfernt. Nach rund 600 m verbinden sich beide Quellbäche und fließen durch einen 750 m² großen Teich. Das Eltesbächelchen fällt dann über eine Länge von 2,16 km auf eine Höhe von 153 m ü. NN ab. Als Substrate treten vorwiegend Feinmaterialien wie Tone und Lehme auf. Hinzu kommt vor allem im Mittel- und Unterlauf ein hoher Anteil an gröberem Material, in Form von Schotter oder Steinen (Brehm & Meijering, 1996).

Burbach, **Tempusbach** und **Wolfsbach**, welche zu der Ortschaft Holzfeld zählen, sowie der **Patelsbach**, welcher zu Rheinbay gehört, sind nördlich oder nord-östlich ausgerichtet und münden in den Rhein. An diesen Stellen fließt der Rhein auf einer Höhe von 68 m ü. NN. Bis auf zwei der genannten Bäche entspringen diese aus Sickerquellgebieten in Höhen um 190 m ü. NN, wie in Tabelle 1 ersichtlich ist (Schindler & Frey, 2002). Der ausgetrocknete **Wolfsbach**, welcher jedoch nur temporär nicht wasserführend ist, wird hier nicht zur Untersuchung herangezogen (Zoebel, 2012). Es wird daher an dieser Stelle auf eine Erläuterung der hydrologischen Verhältnisse des Wolfsbaches verzichtet, in Tabelle 1 ist dieser jedoch mit aufgeführt.

Ferner soll auch der **Tempusbach** in dieser Arbeit nicht weiter analysiert werden. Dieses eigentlich als Referenz dienende Gewässer fließt wenige Meter unterhalb des Ursprungs durch eine stillgelegte Mülldeponie und ist daher, bezüglich seiner Verunreinigung, nicht als Vergleichsbach geeignet (Zoebel, 2012). Dennoch werden seine hydrographischen Verhältnisse kurz erläutert. Die Höhendifferenz zwischen Ursprung und Mündung des Tempusbaches, mit seinen zwei Quellgebieten, welche auf etwa 250 m Höhe ü. NN liegen, beträgt 184 m. Über einer Strecke von 1,58 km ergibt sich das mittlere Gefälle des

Tempusbaches von zirka 12 %.

Eine aktive Einleitung von vorgeklärtem Abwasser befindet sich in den Gebieten Rheinbay und Holzfeld nur noch im **Burbach,** der Ortschaft Holzfeld. Diese Einleitung befindet sich nach rund 300 m Entfernung vom Quellgebiet bachabwärts. Der Burbach tritt aus einer Sturzquelle mit Sickerquellanteil hervor. Auf einer Länge von 1,19 km überwindet er eine Höhe von 193 m. Damit liegt das mittlere Gefälle bei rund 16 %.

Der **Patelsbach**, welcher noch vor wenigen Jahren an die Kläranlage Rheinbay angeschlossen war, wird heute nicht mehr davon beeinträchtigt. Die Kläranlage ist seit 1999 stillgelegt (Bürgerservice Rlp, 2012). Das Wasser des Patelsbaches stammt aus zwei Quellgebieten. Diese liegen auf rund 260 m Höhe ü. NN in einem Abstand von 130 m zueinander. Das oberirdische Wassereinzugsgebiet des Patelsbaches beträgt etwa 1,9 km² und schließt den 200 m höher entspringenden Kurzebach mit ein. Auf einer Strecke von 1,86 km gräbt sich der Patelsbach tief ins Gelände und bildet ein Kerbtal mit einer schmalen Talsohle aus. Das mittlere Gefälle beträgt etwa 10 %. Als Sohlsubstrat, wie auch beim Burbach, ist vorwiegend Grobmaterial in Form von Schiefer vorzufinden. Nach zirka 900 m fließt der Patelsbach durch zwei Teichanlagen, welche im Abstand von 220 m auseinander liegen. Kurz zuvor befindet sich ein Seitenzufluss. Eine Verrohrung des Baches befindet sich nach 1,39 km bachabwärts, kurz vor der Ortschaft Hirzenach. In dieser wird der Patelsbach bis zur Mündung in den Rhein unterirdisch geleitet.

Tabelle 1: Übersicht der hydrologischen Verhältnisse der untersuchten Gewässer

Gebiet		Holzfeld		Rheinbay		Oppenhausen	
Gewässer	Burbach	Wolfsbach	Tempusbach	Patelsbach	Bachebächelchen	Eltesbächelchen
Quelltyp	Sturz-, Sickerquelle	-	Sickerquelle	Sickerquelle	Sickerquelle	Sickerquelle
Fließrichtung	NNO	NO	N	NO	SW	SSW
Oberirdisches Einzugsgebiet (km^2)	0,42	0,54	0,92	1,9	0,75	1,5
Gefälle [%]	16	24	12	10	13	6
Differenz [m] (Höhe Quelle, Mündung)	193	129	184	193	158	167
Länge [km]	1,19	0,55	1,58	1,86	1,21	2,76
Höhe Quellgebiete [m]	261	197	252; 255	261; 264	293	320; 330
Höhe Mündung [m]	68	68	68	68	135	153
Mündung	Rhein	Rhein	Rhein	Rhein	Erbach	Erbach
Anzahl Quellgebiete	1	1	2	2	1	2
Seitenzufluss	-	-	2	1	2	-
Kläranlage vorhanden	1	-	-	-	1	-
Höhe Kläranlage [m]	237	-	-	-	286	-
Abstand [m] (Kläranlage, Mündung)	888	-	-	-	971	-
Merkmale	keine	ausgetrocknet	Mülldeponie	Teiche	keine	Teiche

2.5 Klima

Das gesamte Untersuchungsgebiet liegt in der gemäßigten Zone mit gemäßigt kühlem Klima und vorherrschenden Westwinden. Diese Winde bringen vom Atlantik und der Nordsee her jährlich etwa 700 mm Niederschlag und prägen das humide nicht winterkalte Klima der Region. Während in den Hunsrücklagen ein sommerkühles Mittelgebirgsklima vorherrscht und im Vergleich zu den Rhein- und Moseltälern mehr von kontinentalem Klima geprägt ist, weist die

Region in den Tiefenlagen um Boppard ein gemäßigteres Klima auf. Exakte Aussagen über den langjährigen Jahresgang von Temperatur und Niederschlag lassen sich nicht treffen. Sowohl die Messstation in Boppard, als auch die Station in Gondershausen, welche die Hunsrückhöhenlagen repräsentieren soll, sind erst 2004 in Betrieb genommen worden, sodass auf die Daten der etwa 25 km entfernten Messstation in Blankenrath zurück gegriffen werden muss (Agrarmeteorologie Rlp, 2012).

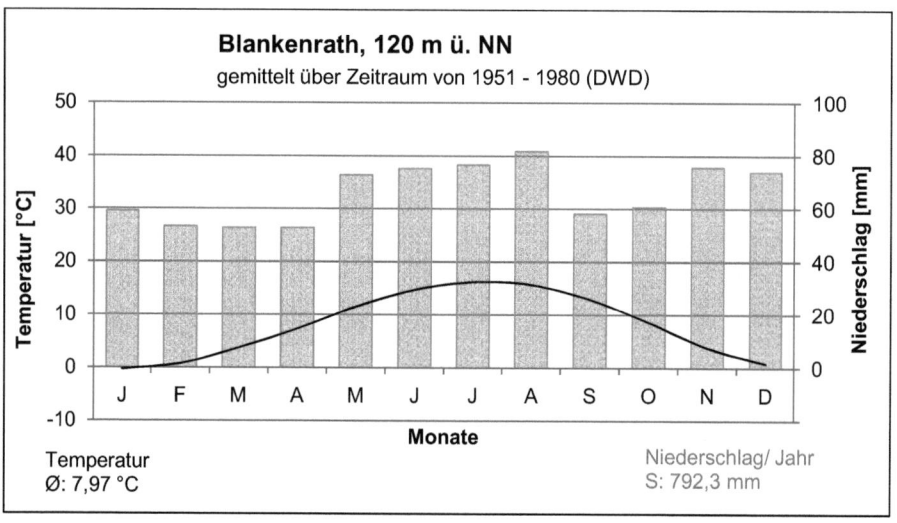

Abbildung 2-2: Klimadiagramm der langj. Monatsmittel der Niederschläge und langj. mittlerer Monatstemperaturen (Agrarmeteorologie RLP, 2012)

Die Station Blankenrath (Koordinaten 50.04°, 7.31°) liegt auf 417 m Höhe ü. NN und bietet Langzeitdaten über einen Zeitraum von 1951 – 1980. Zur schnellen Einschätzung der örtlichen Witterungsverhältnisse ist die klimatische Situation in Abbildung 2-2 als Walter-Lieth-Klimadiagramm dargestellt. Erwartungsgemäß ist zu erkennen, dass es sich um eine Region humiden Klimas handelt. Die Niederschlagshöhen liegen in Relation zu den Temperaturen weit darüber. Als Vergleich zwischen den diesjährigen Witterungsverhältnissen im jeweiligen Untersuchungsgebiet und dem Klima aus den Langzeitdaten, sollen die beiden nachfolgenden Diagramme, sowohl der Temperatur, als auch des hiesigen Niederschlags dienen. Dazu werden die Daten der auf 129 m Höhe ü. NN liegenden Station in Boppard (Koordinaten 7.59°, 50.25°) verwendet, welche rund 10 km von den Untersuchungsgebieten Rheinbay und Holzfeld entfernt liegt. Für das weitere Gebiet werden Messungen der Station Gondershausen (Koordinaten 7.49°, 50.16°) genutzt. Diese befindet sich auf 388 m Höhe ü. NN und in etwa 5 km Entfernung zum Untersuchungsgebiet Oppenhausen.

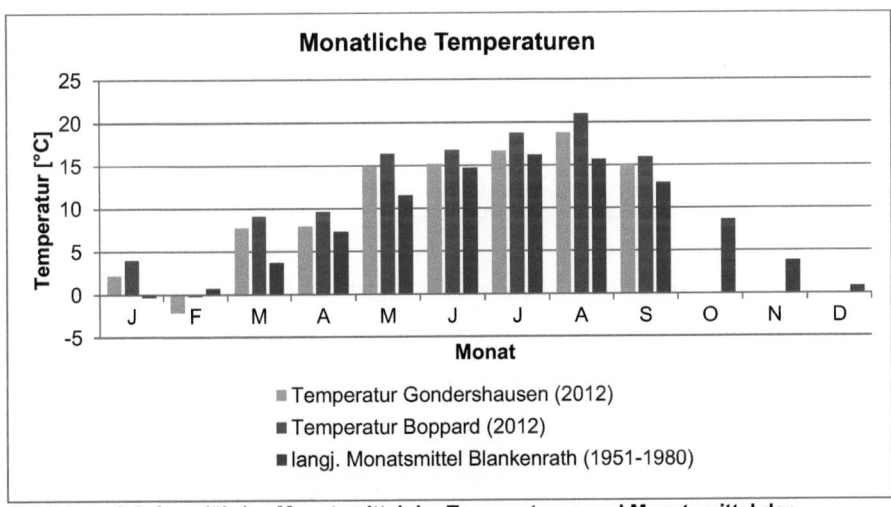

Abbildung 2-3: **Langjährige Monatsmittel der Temperaturen und Monatsmittel der Temperaturen 2012 (Agrarmeteorologie RLP, 2012)**

Die monatlichen Durchschnittstemperaturen von 2012 liegen, bis auf den Februar, immer über denen des langjährigen Mittels (siehe Abbildung 2-3). Besonders stark hebt sich der März, mit einer durchschnittlichen Temperatur von 7,7 °C in Gondershausen und 9,1 °C in Boppard, im Vergleich zum langjährigen Mittel von 3,7 °C, hervor. Während im Februar die mittlere Temperatur in Gondershausen auf -2,1 °C absinkt, liegt die Messung an der Station in Boppard mit 0,2 °C nahe dem Gefrierpunkt. Die Referenzstation weist hier einen Wert von 0,7 °C auf. Außer im Januar mit einer Temperatur von -0,3 °C liegen die langjährigen Mittel ganzjährig über dem Gefrierpunkt bei durchschnittlich 8 °C.

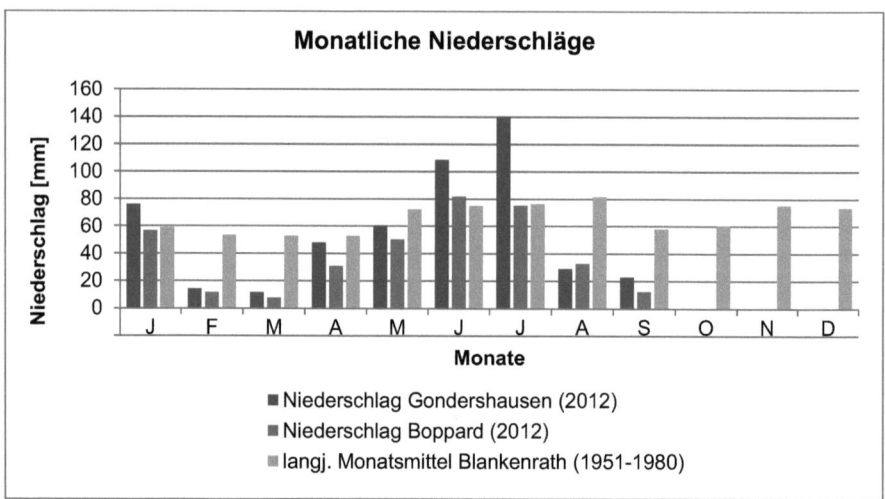

Abbildung 2-4: **Langjährige Monatsmittel der Niederschläge und Monatsmittel der Niederschläge 2012 (Agrarmeteorologie RLP, 2012)**

Im Januar 2012 liegen die Niederschläge noch im Bereich des langjährigen Mittels. Die Werte fallen jedoch zum Februar hin stark ab und stagnieren bei Werten unter 15 mm auch noch im März auf einem, für diese Jahreszeit, ungewöhnlich niedrigen Niveau. Das langjährige Mittel liegt hier bei etwa 53 mm. In den darauffolgenden Monaten bis Juli steigen die Niederschlagshöhen kontinuierlich an und liegen in Gondershausen sowohl im Juni als auch im Juli über den langjährigen Mittelwerten. Der vorläufige Peak der Monatswerte in Gondershausen liegt für den Juli bei 140 mm und damit stark abweichend vom langjährigen Monatsmittel von rund 76 mm. Anschließend fallen die Niederschlagshöhen für August und September wieder auf ein stark vom langjährig gemessenen Niveau auf unter 33 mm ab. Insgesamt herrscht bis zum Untersuchungszeitpunkt eine starke Fluktuation der Niederschläge für 2012. Boppard liegt außer im Juni immer unter dem langjährigen Niveau und hatte in den Jahren 2005 bis 2011 eine durchschnittliche jährliche Niederschlagssumme von 534 mm. Auf lange Sicht ist Boppard im Vergleich niederschlagsärmer einzustufen als Gondershausen mit 656 mm pro Jahr.

2.6 Abwasserentsorgung

In der Regel erfolgt die Abwasserentsorgung in deutschen Ballungsräumen durch einen Anschluss an die zentrale Kanalisation und anschließender Behandlung in zentralen Kläranlagen. Lange Kanäle und große Vermischungen sollen jedoch vermieden werden. Gebiete, welche nicht an die zentrale Kanalisation angeschlossen sind, werden üblicherweise durch mobile Entsorgung bedient. Dies umfasst sowohl Fäkalschlamm aus Hauskläranlagen als auch Fäkalwasser aus abflusslosen Gruben. Eine Behandlung findet dennoch in zentralen Kläranlagen statt. Für die industrielle und gewerbliche Abwasserentsorgung liegen gesonderte Nutzungsberechtigungen im Sinne des Wasserhaushaltsgesetzes (WHG) vor (Görner & Hübner, 2002).

Im suburbanen und ländlichen Raum obliegt die Abwasserbeseitigung den Verbands- und verbandsfreien Gemeinden, sowie den kreisfreien Städten. Sie tragen in der Regel die Beseitigungspflicht für anfallendes Schmutzwasser. Hierbei liegt es in deren Ermessen die öffentliche Kanalisation zu nutzen oder sich auf den Ausbau dezentraler Kleinkläranlagen zu stützen, wenn Gründe des Gewässerschutzes dem nicht entgegenstehen. Generell werden von den Städten und Gemeinden Einleitungsbedingungen für die Abwässer festgelegt, welche durch sogenannte Entwässerungssatzungen einen einwandfreien Betrieb der Kanalisation und der Kläranlage gewährleisten sollen (Kranert & Cord-Landwehr, 2010).

Die beiden in den Untersuchungsgebieten gelegenen Kläranlagen befinden sich im Ortsbezirk Holzfeld und Oppenhausen. In Rheinbay wurde das anfallende Abwasser, nach der Stilllegung der Kläranlage 1999, an den Anschluss zur Kläranlage Bad Salzig geleitet. Wie bereits beschrieben, wurde das geklärte Abwasser Rheinbays in den Patelsbach geleitet.

Die Gemeinde Holzfeld zählt derzeit zirka 460 Einwohner. Deren Abwasser wird in einer belüfteten Teichkläranlage gereinigt, welche für 600 Einwohner ausgelegt ist. Die gesamte Ortslage wird in einem Mischsystem entwässert. Im Zulauf der Kläranlage wurde ein vorgeschalteter Stauraumkanal mit Regenüberlauf errichtet. Dies geschah im Zuge einer Sanierungsmaßnahme 1994/ 1995, bei welcher auch ein Umbau zum Teichklärsystem vollzogen wurde. Außerdem verfügt die Anlage seit dem über ein Siebrechensystem und einen belüfteten Sandfang. Insgesamt verfügt die Anlage über drei untereinander geschaltete Teiche. Die ersten beiden Teiche dienen als Belebungsbecken und werden über Belüftungsschlangen bedient. Der dritte Teich dient zur Nachklärung. Bei erhöhtem Abwasseranfall wird der Faulschlamm zur Mitbehandlung in der Kläranlage Bad Salzig abgefahren (Bürgerservice Rlp, 2012).

Eine Studie zur Zentralisierung der Abwasserreinigung Boppard sieht zur energetisch-betrieblichen Gesamtoptimierung jedoch eine Stilllegung der Teichkläranlage in Holzfeld vor, wonach das anfallende Abwasser zentralisiert in die Kläranlage Bad Salzig geleitet werden soll. Der hydraulische Teil der Anlage ist bereits für 12.000 Einwohner ausgelegt. Derzeit wird jedoch nur das Abwasser von rund 4.000 Einwohnern, der Anschlüsse Bad Salzig, Weller, Hirzenach, Rheinbay und Fleckershöhe, behandelt. Die Kläranlage verfügt außerdem über eine Phosphorelimination (Stadtverwaltung Boppard, 2012a). Die in Oppenhausen liegende Kläranlage wird mit dem Abwasser der Ortsbezirke Herschwiesen mit dem Ortsteil Windhausen und Oppenhausen mit dem Ortsteil Hübingen bedient. Die Abwasserbelastung liegt derzeit bei 1.260 Einwohnern. Ausgelegt ist die Kläranlage für 1.600 Einwohner und besteht aus einer Belebungsanlage mit Schlammstabilisierung. Ein Regenüberlaufbecken ist vorgeschaltet, da der Ortsbezirk Oppenhausen im Mischsystem entwässert. Überschüssiger Faulschlamm wird zur Kläranlage in Buchholz abgefahren. Die gesamten Klärschlämme des Gemeindegebietes werden derzeit landwirtschaftlich genutzt (Bürgerservice Rlp, 2012).

2.7 Auswahl und Lage der Probenstellen

Nachfolgend werden die Probenstellen der jeweiligen Bäche näher beschrieben und Kriterien der Auswahl aufgezeigt. Der Übersicht halber sind die Gewässer ihren Ortsbezirken untergeordnet. Generell wurden Untersuchungsstandorte ausgewählt, welche für einen bestimmten Gewässerabschnitt einen hydrologisch repräsentativen Charakter aufweisen. Die Wahl der Gewässerabschnitte wurde zum einen durch ihre Lage zu konkreten Gegebenheiten, wie Schmutzwasserzuflüsse oder beeinträchtigende Teiche getroffen. Zum anderen soll die Auswahl der Abschnitte eine Einschätzung der Selbstreinigungsfähigkeit der schmutzwasserbeeinflussten Bäche möglich machen. Maßgebliche Faktoren für die Auswahl der Probenstellen der jeweiligen Gewässerabschnitte waren letztlich:

- die Gewässertiefe
- das Sohlensubstrat
- die Strömungsgeschwindigkeit
- und die Sauerstoffzufuhr

2.7.1 Holzfeld und Rheinbay

In den unten dargestellten Tabellen (Tabelle 2 und Tabelle 3) finden sich die GPS-Koordinaten, die Höhe, Breite und Tiefe sowie eine kurze Lagebeschreibung der Probenstellen des jeweiligen Gewässers.

Tabelle 2: Übersicht der Probenstellen in Holzfeld

Gebiet	Holzfeld		
Gewässername	Burbach		
Probenname	A1	A2	A3
GPS-Koordinaten	50.167465°N, 7.649408°E	50.171583°N, 7.651511°E	50.17269°N, 7.65247°E
Höhe ü. NN [m]	243	160	138
Breite [m]	< 1	< 1,5	< 1,2
Tiefe [m]	< 0,1	< 0,15	< 0,15
Beschreibung	Unterhalb des Kläranlageneinlaufs	Oberhalb des alten Friedhofes	Unterhalb des alten Friedhofes

Tabelle 3: Übersicht der Probenstellen in Rheinbay

Gebiet	Rheinbay	
Gewässername	Patelsbach	
Probenname	B1	B2
GPS-Koordinaten	50.170898°N, 7.632623°E	50.175808°N, 7.637883°E
Höhe ü. NN [m]	197	109
Breite [m]	< 1,5	< 1
Tiefe [m]	< 0,15	< 0,1
Beschreibung	Oberhalb der Teiche	Unterhalb der Teiche

2.7.1.1 Burbach

Der Burbach, welcher durch ein mäßig steiles Kerbtal fließt, wurde aufgrund seiner Disposition und der Einleitung von vorgeklärtem Abwasser der Teichkläranlage Holzfeld für die Untersuchung in drei Abschnitte aufgeteilt. Die drei Probenstellen A1 bis A3 (siehe Abbildung 2-5) befinden sich zwischen 243 m und 138 m Höhe ü. NN. Die unterhalb des Kläranlageneinlaufs gelegene Probenstelle A1, befindet sich in einem alten Fichtenbestand mit fehlender Krautvegetation. Der Falllaubeintrag ist an dieser Stelle jedoch als mäßig einzustufen und meint hier, wie in der gesamten Arbeit, auch den Eintrag von Nadeln durch Koniferen. Im Oberlauf herrschte eine vergleichsweise hohe Strömungsgeschwin-

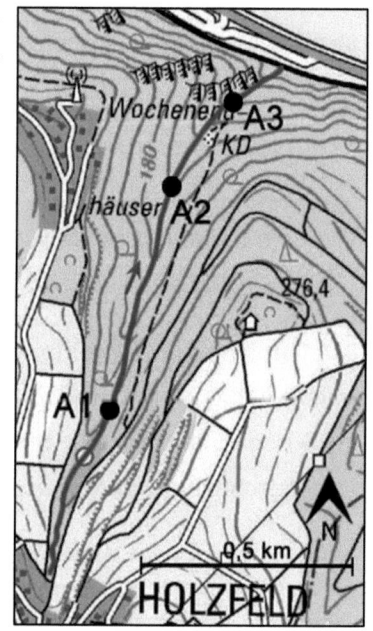

Abbildung 2-5: Lage der Probenstellen im Burbach (LANIS, 2012)

digkeit von 1,2 m/s. Dennoch haben sich an dieser Stelle, wie auch im gesamten Bachverlauf, bis zur mittleren Probenstelle A2, Wasserlinsen angesiedelt. Mit hoher Wahrscheinlichkeit sind diese jedoch zum Teil aus dem Nachklärbecken der Teichkläranlage eingespült worden. Die Probenstelle A2 befindet sich oberhalb eines am Westhang liegenden alten jüdischen Friedhofes, welcher heute als Kulturdenkmal erhalten wird und 15 Gräber aus der Zeit zwischen 1847 bis 1924 umfasst. Diese Probenstelle befindet sich auf 160 m Höhe ü. NN und wurde aufgrund erhöhter Nitratwerte im Unterlauf herangezogen. Die Strömungsgeschwindigkeit betrug hier zum Zeitpunkt der Messung 1 m/s, während die 20 Höhenmeter unterhalb des Friedhofes liegende Probenstelle A3 eine Strömungsgeschwindigkeit von nur 0,4 m/s aufwies (Abbildung 2-6). Die östlich exponierte Seite der beiden unteren beprobten Gewässerabschnitte ist ebenfalls bewaldet und wird von Hainbuchen und Eichen dominiert. Zum Teil befinden sich dort noch alte Weinbauterrassen, welche von Ruderalgesellschaften wie Knoblauchsrauke, Labkraut und Brennnessel bewachsen sind. Der Falllaubeintrag ist in diesen Bachabschnitten mäßig bis hoch einzustufen. Im gesamten Bachverlauf liegt die Beschattung trotz nord-süd gerichteter Falllinie aufgrund der hohen Gehölzdichte bei rund 80 %. Zwischen den Probenstellen befindet sich kaum Totholz im Bachlauf.

Abbildung 2-6: Burbach, Probenstelle A3 (Aufnahme vom 21.07.2012)

2.7.1.2 Patelsbach

Der Patelsbach fließt durch ein Sohlenkerbtal. Seine Falllinie ist nord-östlich ausgerichtet und am Fuße des Osthanges gelegen. In die gegenüberliegende Hangseite ist die Landstraße K115 gebaut, welche parallel zum Patelsbach ins Rheintal nach Hirzenach führt. Beide Probenstellen liegen einerseits in Fichtenwaldbeständen, welche über die Hälfte der Uferbewaldung ausmachen. Die gegenüberliegende Uferseite ist von Laubmischwald und Sträuchern bewachsen. Hier dominieren Hainbuche, Eiche, Holunder und Haselnuss den

Laubholz- und Strauchbestand. Die Breite der Probenstellen ist kleiner als 1,5 m und diese sind jeweils weniger als 15 cm tief (siehe Tabelle 3). Der Falllaubeintrag ist mäßig bis hoch einzustufen und im gesamten Lauf findet sich vereinzelt Totholz. Um eine eventuelle Auswirkung der beiden Teiche auf die Gewässerqualität aufzeigen zu können, wurde die Probenstelle B1 oberhalb der Teiche gewählt (siehe Abbildung 2-7). Diese Probenstelle liegt auf 197 m Höhe ü. NN und es herrschte dort eine Strömungsgeschwindigkeit von 1,2 m/s. Die Probenstelle B2 liegt rund 500 m unterhalb der Teiche. Hier betrug die Strömungsgeschwindigkeit 0,5 m/s. Abbildung 2-8 zeigt ein Foto der Probenstelle B2 vom 22.07.2012.

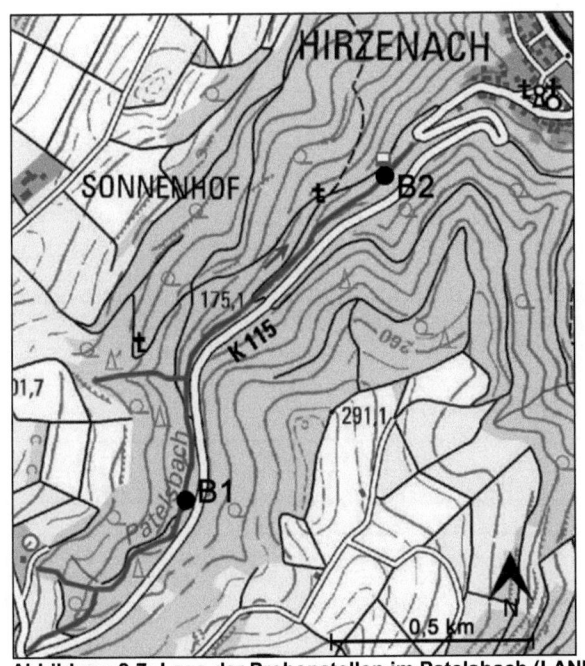

Abbildung 2-7: Lage der Probenstellen im Patelsbach (LANIS, 2012)

Abbildung 2-8: Patelsbach, Probenstelle B2 (Aufnahme vom 22.07.2012)

2.7.2 Oppenhausen

Tabelle 4 zeigt die Daten zu den Probenstellen des jeweiligen Gewässers im Gebiet Oppenhausen. Die Daten umfassen die Höhe, Breite und Tiefe sowie eine kurze Lagebeschreibung der Probenstellen.

Tabelle 4: Übersicht der Probenstellen in Oppenhausen

Gebiet	Oppenhausen			
Gewässername	Bachebächelchen		Eltesbächelchen	
Probenname	C1	C2	D1	D2
GPS-Koordinaten	50.19842°N, 7.47098°E	50.19611°N, 7.46684°E	50.20049°N, 7.48971°E	50.18715°N, 7.47587°E
Höhe ü. NN [m]	277	239	317	251
Breite [m]	< 1,5	< 2	0,5	< 1,5
Tiefe [m]	< 0,3	< 0,4	< 0,05	< 0,2
Beschreibung	Unterhalb des Kläranalgeneinlaufs	Oberhalb der Mündung in den Erbach	Unterhalb des Quellgebietes	Oberhalb der Teufelsschlucht

2.7.2.1 Bachebächelchen

Das Bachebächelchen schneidet sich ebenfalls in ein von Mischwald bewachsenes Kerbtal. Im Oberlauf befindet sich der Einlauf der Kläranlage Oppenhausen. Etwa 200 m bachabwärts ist die Probenstelle C1 (siehe Abbildung 2-9). Hier lag zum Zeitpunkt der Messung eine Strömungsgeschwindigkeit von 1,3 m/s vor. Das Sohlensubstrat besteht hier wie im gesamten Bachlauf aus Schottergestein unterschiedlicher Größen mit einem hohen Feinschlammanteil. Die Falllinie liegt süd-westlich orientiert, sodass im Untersuchungszeitraum ein direkter Sonneneinfall von 10 Stunden möglich gewesen wäre. Der Bach wird jedoch zu rund 70 % von mäßig dichtem Baumbestand beschattet. Ein Falllaubeintrag ist in den Gewässerabschnitten der untersuchten Stellen dennoch als hoch einzustufen. Ebenfalls kennzeichnend sind ein hoher Totholzanteil und eine geringe Krautvegetation am Ufer des Baches. Wie in Tabelle 4 zusammengefasst, weisen die Abschnitte der Probenstellen eine Breite geringer als 2 m und eine durchschnittliche Tiefe von 35 cm auf. Die beprobte Stelle C2 befindet sich auf 239 m Höhe ü. NN oberhalb der Mündung in den Erbach. Hier wurde eine Strömungsgeschwindigkeit von 0,6 m/s gemessen. Abbildung 2-10 zeigt ein Foto dieser Probenstelle.

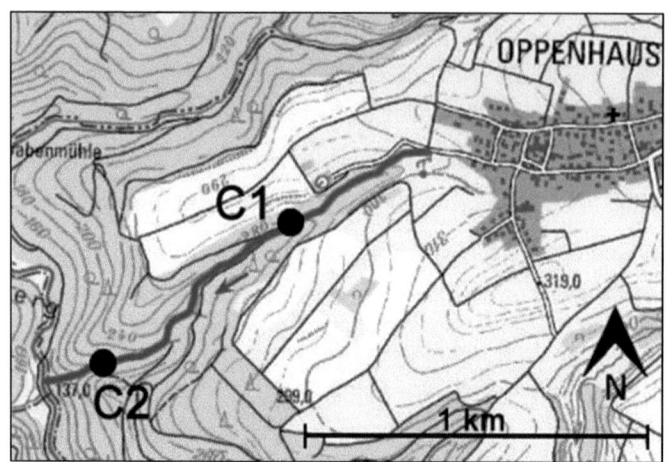
Abbildung 2-9: Lage der Probenstellen im Bachebächelchen (LANIS, 2012)

Abbildung 2-10: Bachebächelchen, Probenstelle C2 (Aufnahme vom 25.07.2012)

2.7.2.2 Eltesbächelchen

Das Eltesbächelchen wird im Oberlauf nur stellenweise von Wald beschattet. Die beiden Quellarme werden stark von Binsen, Röhricht und einer üppigen Krautvegetation beschattet. Im oberen Drittel fließt der Bach durch bewirtschaftete Agrarflächen, welche im Untersuchungszeitraum hauptsächlich mit Getreide bestellt waren. Der Gewässerabschnitt der ersten Probenstelle D1 befindet sich im nördlichen Quellarm auf 317 m Höhe ü. NN und liegt in einer extensiv bewirtschafteten Wiese (siehe Abbildung 2-11). Die Breite des Baches beträgt hier nur 50 cm, seine Tiefe 5 cm. Die Probenstelle D2 hingegen weist eine Breite von 1,5 m und eine Tiefe von 20 cm auf. Dieser Gewässerabschnitt befindet sich in einem Mischwald oberhalb der Teufelsschlucht des Erbachtales. Überwiegend sind dort Laubhölzer vorzufinden. Und auch hier ist die Hainbuche die dominierende Gehölzart. Eine Krautvegetation fehlt. Der Falllaubeintrag ist als hoch einzustufen, jedoch ist der Totholzanteil im gesamten Bachbett eher gering. Die Strömungsgeschwindigkeiten lagen für beide Probenstellen unterhalb von 0,4 m/s. Abbildung 2-12 zeigt eine Aufnahme der Probenstelle D2 vom 25.07.2012.

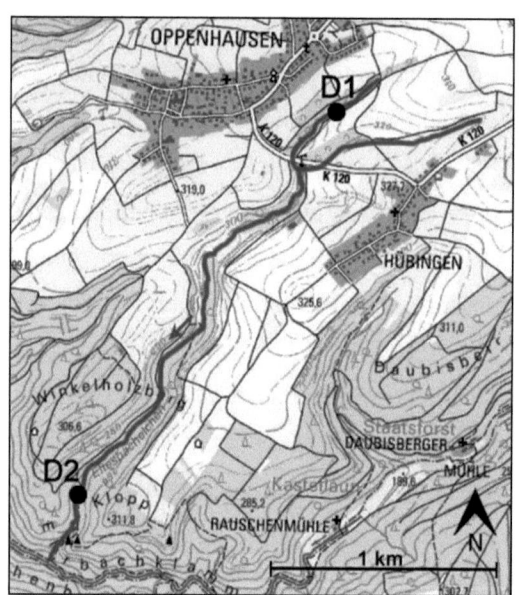

Abbildung 2-11: Lage der Probenstellen im Eltesbächelchen (LANIS, 2012)

Abbildung 2-12: Eltesbächelchen, Probenstelle D2 (Aufn. vom 25.07.2012)

3 Untersuchungsmethoden

Nachfolgend wird die Methodik der Untersuchung und der genutzten Messgeräte erläutert. Es soll auf die Probenahme und die Methodik der Wassergütebeurteilung eingegangen werden, um in den darauffolgenden Kapiteln die Ergebnisse der Auswertung einordnen und interpretieren zu können.

Der qualitativen Bewertung der Fließgewässer, welche im Rahmen dieser Arbeit durchgeführt wurde, liegen zwei Methoden zu Grunde. Zum einen der Chemische Index nach Bach (1980), welcher sich der chemisch-physikalischen Analytik bedient. Zum anderen die Ermittlung des Saprobienindex', mittels der makroskopisch-biologischen Feldmethode nach Meyer (1990), welche bestimmte Bio-Indikatoren zur Bestimmung nutzt. Beide Methoden werden zur Bestimmung von Gewässergüteklassen verwendet und haben den Vorteil unkompliziert und kostengünstig eine qualitative Gesamtaussage über die Güte eines Gewässers treffen zu können, welche sich dann zum schnellen Vergleich mit anderen Gewässern eignet. Der Vergleichsmethode über die Gewässergüteklassen bedient sich auch die EG-WRRL. Jedoch liegen dieser Richtlinie Vorgaben zu umfassenderen Bewertungssystemen zu Grunde.

3.1 Messmethoden

Die Parameter der chemisch-physikalischen Untersuchung sollen in diesem Abschnitt näher erläutert werden. Im Rahmen der vorliegenden Arbeit wurden keine Doppelbestimmungen und Messreihen erstellt (Ausgenommen: Feststellung des BSB_5 im Burbach – Diese wurde zur Überprüfung sehr niedriger Ergebnisse ein zweites Mal durchgeführt). Messreihen wären zur Absicherung quantitativer Genauigkeit zwar unerlässlich, im Fokus dieser Untersuchung jedoch steht die Gesamtaussage der Gewässergüte. Diese setzt sich hier aus den chemisch-physikalischen Parametern in Verbindung mit der Bestimmung des Makrozoobenthos zusammen und soll zur Feststellung

tendenzieller Veränderungen innerhalb eines Gewässers genügen.
Für die Gewässergütebestimmung des Chemischen Index' nach Bach werden nachfolgende Parameter für die Berechnungsindices vorausgesetzt. Eine Erläuterung der Funktionsweise dieses Bewertungssystems erfolgt in Kapitel 3.3.1. Prinzipiell wurde versucht die Proben unmittelbar nach der Entnahme vor Ort zu untersuchen. Parameter für welche dies nicht möglich war, da eine thermische Vorbehandlung erforderlich ist, wurden innerhalb von vier Stunden nach der Probenahme analysiert. Die genutzten Reagenzien wurden in Sammelbehältern aufbewahrt und im Labor in dafür vorgesehenen Sammelstellen entsorgt. Für Messbereichsüberschreitungen war eine Verdünnung mit destilliertem Wasser nicht notwendig, da entsprechende Vortests den Bereich einschränkten und damit eine ausreichend genaue Aussage ermöglichten.

3.1.1 Breite und Tiefe der Probenstellen
Die Breite und Tiefe der Probenstellen wurden mit Hilfe eines handelsüblichen Metermaßes bestimmt. Hierbei meint die Breite den mit Wasser überströmten Bereich. Die Tiefe wiederum stellt die Höhe des Wasserstandes über dem Grund dar.

3.1.2 Strömungsgeschwindkeit
Für die Messung der Strömungsgeschwindigkeit wurde die Driftkörpermethode verwendet. Hierzu wurde eine Styroporkugel, auf der Wasseroberfläche eine Strecke (s) von 1 bis 5 m zurücklegen lassen und dabei, die dafür benötigte Zeit (t) gemessen. Anschließend wurde die Geschwindigkeit (v) über die Formel $v = s/t$ berechnet. Da die Hauptströmungsbereiche in den untersuchten Bächen sehr klein waren oder stark variierten, spiegeln die Messergebnisse nicht die tatsächliche Strömungsstärke wieder, sondern nur einen groben Anhaltswert.

3.1.3 Leitfähigkeit und Temperatur
Die Leitfähigkeit und die Temperatur wurden mit dem Gerät LF 340-A in

Verbindung mit der Leitfähigkeitsmesszelle TetraCon 325 der Marke WTW gemessen. Die Genauigkeit der Leitfähigkeitsmessung des Gerätes beträgt ± 0,5 % vom Messwert ± 1 digit bei einer Umgebungstemperatur zwischen 15 und 35 °C. Der für diese Messung genutzte Messbereich lag zwischen 0 und 1999 µS/cm in Schritten von 1 µS/cm. Für die Messung der Temperatur beträgt die Genauigkeit 0,1 K ± 1 digit und der Messbereich liegt zwischen -5 und 99,9 °C (WTW GmbH, 2012). Über die Messung der Temperatur wird eine Temperaturkompensation, zur Vergleichbarkeit der Leitfähigkeit, durchgeführt und der Messwert auf eine Wassertemperatur von 25 °C bezogen. Die Messzelle wurde für die Messung direkt in den Strömungsbereich, jedoch maximal 10 cm unter die Wasseroberfläche, getaucht und die Einstellung eines stabilen Messwertes abgewartet.

3.1.4 pH-Wert

Für die Messung des pH-Wertes der jeweiligen Probenstelle wurde wie mit der Leitfähigkeitsmesszelle verfahren. Die Genauigkeit der Messung beträgt hier ± 0,1 % vom Messwert ± 4 mV bei einer Umgebungstemperatur zwischen -10 und +55 °C. Eine Temperaturkompensation wurde automatisch durchgeführt. Der Messbereich des pH-Meters pH 340-A des Herstellers WTW liegt zwischen -2 und 16 (WTW GmbH, 2012).

3.1.5 Konzentration und Sättigung des Sauerstoffs

Die Sauerstoffkonzentration wurde mit dem Feldmessgeräte ProfiLine Oxi 1970i in Verbindung mit dem Sauerstoffsensor CellOx®325 von WTW gemessen. Dieses Gerät weist eine Genauigkeit von ±0,5 % des Messwertes auf und misst die Konzentration innerhalb eines Bereiches von 0,00 bis 19,99 mg/L. Mittels Luftdruckkompensation und Temperaturmessung wird die Sauerstoffsättigung automatisch ermittelt und angezeigt. Der integrierte Drucksensor arbeitet innerhalb eines Bereiches von 500 bis 1100 hPa. Die Sättigung wiederum wird innerhalb eines Bereichs von 0,0 bis 199,9 % angegeben (WTW GmbH, 2012).

Auch für die Sauerstoffmessung wurde die Sonde in den Strömungsbereich getaucht und die Einstellung eines stabilen Wertes abgewartet. Eine Kalibrierung wurde vor Beginn jeder Messung durchgeführt.

3.1.6 Biologischer Sauerstoffbedarf

Der biologische Sauerstoffbedarf (BSB), welcher die Respiration der in der Probe befindlichen Mikroorganismen darstellt, wurde mittels des WTW OxiTop® IS 12 bestimmt. Durch die Atmung der Organismen wird Sauerstoff (O_2) verbraucht und damit einhergehend Kohlendioxid (CO_2) gebildet. Innerhalb einer fünftägigen Zehrung wird CO_2 mittels im Gefäß befindlicher Natriumhydroxid Pastillen (NaOH) absorbiert. Der durch diesen Prozess entstehende Unterdruck, wird über die auf dem Gefäß aufgeschraubten Messköpfe bestimmt und kann dort direkt als BSB_5 in mg/L abgelesen werden. Der Messkopf arbeitet innerhalb eines Bereiches von 0 bis 40 mg/L mit einer Genauigkeit von ±1% vom Messwert ±1 hPa (WTW GmbH, 2012).

3.1.7 Chemischer Sauerstoffbedarf

Die Messung des chemischen Sauerstoffbedarfs (CSB), sowie des Ortho-Phosphats, Nitrats, Nitrits und Ammoniums wurden mittels *NANOCOLOR®* Rundküvettentests und einem Digitalphotometer der Type *NANOCOLOR®* 500 D des Herstellers Macherey-Nagel (MN) durchgeführt. Das Messprinzip und die Reaktionsgrundlagen entsprechen der Norm DIN ISO 15705. Für die Analyse des CSB wurde die Wasserprobe in einer vorbereiteten Rundküvette einer 2-stündigen silberkatalysierten Oxidation mit Kaliumdichromat und Schwefelsäuren bei 148 °C unterzogen. Der thermische Aufschluss geschah unter Einwirken des Thermoblockes MN NANOCOLOR® VARIO C2. Die Messung wird nach Einsetzen der Küvette in das Digitalphotometer automatisch durchgeführt und der Messwert digital ausgegeben. Für den CSB wurde die Chromat-Konzentrationsabnahme photometrisch bestimmt. Hier lag der Messbereich zwischen 2 und 40 mg/L O_2. Als optisches System des

Photometers dient eine Wolfram-Punktlichtlampe im Wellenlängenbereich von 345 bis 800 nm mit einer Genauigkeit von +- 2 nm. Eine Kalibrierung erfolgt vor jeder Messung automatisch (Macherey-Nagel GmbH & Co. KG, 2011a).

3.1.8 Ortho-Phosphat, Nitrat, Nitrit und Ammonium

Die Messung des Ortho-Phosphat- (PO_4-P), Nitrat- (NO_3-N), Nitrit- (NO_2-N) und Ammoniumgehaltes (NH_4-N) wurde ähnlich wie der CSB mit Hilfe des Rundküvettentests und des Digitalphotometers bestimmt. Für den Ortho-Phosphat- und Nitratgehalt wurden Vortests durchgeführt um den Messbereich eingrenzen zu können. Es wurden die kolorimetrischen Testbestecke VISOCOLOR® ECO des Herstellers WTW verwendet. Diese verzichten weitgehend auf Gefahrenstoffe und eignen sich zur kostengünstigen, schnellen Vorbestimmung verschiedener Wasserinhaltsstoffe (Macherey-Nagel GmbH & Co. KG, 2011b). Der eigentlichen Analyse über die Rundküvettentests liegen verschiedene Reaktionen zu Grunde.

Für die Bestimmung des Ortho-Phosphats bilden, die im Probenwasser enthaltenen Ortho-Phosphat-Ionen mit in dem Reagenz enthaltenen Ammoniummolybdat, Phosphormolybdänsäure. Mit einem Reduktionsmittel wird die entstandene Säure zu Molybdänblau reduziert, welches photometrisch ausgewertet werden kann. Die Reaktion ist DIN EN ISO 6878-D11 konform und liegt in einem Messbereich von 0,05 bis 1,50 mg/L PO_4-P.

Der photometrischen Bestimmung von Nitrat liegt die Reaktion von Nitrat-Ionen mit 2,6-Dimethylphenol in saurer Lösung zu 4-Nitro-2,6-dimethyl-phenol zu Grunde. Die Reaktionsgrundlage ist analog zu DIN 38405-D9-2. Der Messbereich für die Nitratbestimmung liegt zwischen 0,30 und 8,00 mg/L NO_3-N. Nitrit reagiert entsprechend zur DIN EN 26777-D10 mit Sulfanilamid und N-(1-Naphthyl)-ethylendiamin (lyophilisiert) zu einem rotvioletten Azofarbstoff, welcher wiederum photometrisch ausgewertet werden kann. Der Messbereich befindet sich dabei zwischen 0,003 und 0,460 mg/L NO_2-N.

Die Bestimmung des Ammoniumgehaltes entspricht der DIN 38406-E5 Reaktion von Ammonium-Ionen mit Hypochlorit und Salicylat in Gegenwart von Nitroprussidnatrium als Katalysator zu einem blauen Indophenol. Dieser wird innerhalb eines Messbereiches von 0,04 bis 2,30 mg/L NH_4-N photometrisch ausgewertet (Macherey-Nagel GmbH & Co. KG, 2011a).

3.2 Probenahme

Die Probenahmen erfolgten Ende Juli 2012, innerhalb einer Woche. Die Messungen sowie die Sammlung von Bio-Indikatoren wurden jeweils am selben Tag, stets aufeinander folgend, durchgeführt. Für jede Probennahmestelle wurde ein Feldprotokoll ausgefüllt, welches sich im Anhang I befindet.

3.2.1 Chemisch-physikalisch

In den Fällen, wo eine direkte Messung nicht möglich war wurden Wasserproben zur weiteren Untersuchung in Schraubgefäße aus Glas abgefüllt. Für die BSB_5-Bestimmung wurden Braunglasflaschen mit Schraubverschluss verwendet. Die Gläser wurden zuvor ohne chemische Reinigungsmittel mit Wasser gespült und bei 180 °C mehrere Stunden sterilisiert. Alle verwendeten Probengefäße wurden vor der Befüllung mehrmals mit dem Probenwasser gespült sowie mit Datum und Bezeichnung der Probenstelle beschriftet. Die Entnahmetiefe betrug je nach Gesamttiefe der Probenstelle maximal 10 cm unter der Wasseroberfläche. Zur Entnahme genauer Mengen wurden Volumenmesskolben und Aufziehspritzen verwendet. Auf die Herstellung von Mischproben wurde aufgrund der geringen Breite der Gewässer verzichtet. Grundsätzlich wurde versucht Proben aus strömenden Bereichen zu entnehmen oder Messungen direkt in diesen Zonen vorzunehmen. Bereiche unterhalb von Staustufen und Mündungszonen wurden aufgrund extremer Sauerstoffanreicherung und unvollständiger Vermischung zur Probennahme gemieden. Für den Transport wurden die Proben in gekühlten Thermoboxen gelagert.

3.2.2 Biologisch

Für die Erfassung des Makrozoobenthos wurden alle Substrate der jeweiligen Probenstelle 10 Minuten abgesucht. Dies umfasste eine maximale Strecke von 20 m von der eigentlichen Probenstelle flussaufwärts. Zu den untersuchten Substraten zählen sowohl größere Steine, Kies und Schlamm des Bodengrundes, als auch eingeströmtes Laub, Kraut sowie im Gewässer vorkommendes Totholz und Pflanzen. Die Sammlung wurde mit Hilfe eines handelsüblichen Haushaltssiebes mit 16 cm Öffnungsdurchmesser und 1 mm Maschenweite durchgeführt. Wenn eine rasche Bestimmung möglich war wurde die Häufigkeit vorkommender Arten sofort ausgezählt, notiert und diese zurück ins Wasser gegeben. Andernfalls oder bei zu hohem Vorkommen einer Art wurden die Tiere in einen mit Probenwasser gefüllten Eimer gegeben. Die durch Aufwirbelung des Bodengrundes ins Sieb geströmten Organismen wurden mittels eines Tuschpinsels und einer Federstahlpinzette zur Bestimmung vorsichtig auf einen flachen weißen Kunststoffdeckel gelegt oder direkt in den Aufbewahrungseimer gegeben. Auf oder unter Steinen, Pflanzenteilen und Totholz sitzende Tiere wurden abgestreift oder mit der Pinzette aufgesammelt und ebenfalls bestimmt oder umgehend in den Eimer gegeben. Nach der Sammlung wurde für die weitere Bestimmung der Inhalt des Sammeleimers nach und nach über das Sieb geschüttet. Für die Bestimmung der Organismen wurde eine 10-fach vergrößernde Eschenbach Einschlaglupe verwendet. Nicht identifizierbare Tiere wurden in ein mit Probenwasser gefülltes, sowie mit Probenname und Datum beschriftetes Schraubglas gegeben und mitgenommen. Für die genauere Untersuchung wurde ein Will Wetzlar Stereo-Mikroskop genutzt. Alle untersuchten Saprobier wurden nach der Bestimmung und Auszählung wieder in ein Gewässer zurückgegeben.

3.3 Methoden der Wassergütebeurteilung

Während eine rein chemisch-physikalische Untersuchung exakte Messwerte liefert und Aussagen über die Konzentration vorhandener Substanzen möglich macht, was für einen Vergleich mit Grenzwerten unerlässlich ist, stellt sie jedoch nur eine Momentaufnahme zu einem bestimmten Zeitpunkt dar. Überlagerungen von Substanzen im Gewässer können Messwerte verfälschen und eine breite analytische Untersuchung ist meist mit hohen Laborkosten verbunden. Somit ist diese Methode für eine sichere Gesamtaussage nicht ausreichend und wird deshalb mit der Untersuchung von Bio-Indikatoren kombiniert. Die Suche nach Bio-Indikatoren alleine ließe natürlich wiederum die Frage nach Schadstoffarten und deren Mengen offen, denn diese sind dadurch weder identifizierbar noch quantifizierbar. Aber sie ist in der Lage durch die Anzeige von Leitorganismen und typischen Lebensgemeinschaften eine durchschnittliche Gewässergüte, des über diese Indikatoren hinweggeflossenen Wassers, zu bestimmen. Durch die Kombination beider Verfahren können ohne großen Aufwand Langzeitaussagen über eine organische Gewässerbelastung getroffen werden.

3.3.1 Chemisch-physikalisch

Für die Einordnung der chemisch-physikalischen Messergebnisse in eine schnell vergleichbare Größe, wurde der Chemische Index nach Bach (1980) gewählt. Dieser ermöglicht eine Beschreibung des Gewässerzustandes, im Zusammenhang mit der biologischen Selbstreinigung und liefert eine dimensionslose Kenngröße. Das Grundprinzip der Zusammenfassung chemisch-physikalischer Parameter zum Vergleich über eine dimensionslose Größe stammt aus den USA und Schottland. Es wurde am Bayrischen Landesamt für Wasserwirtschaft, heute Landesamt für Umwelt (LfU) weiterentwickelt und von Erwin Bach in Deutschland am Main, erfolgreich eingesetzt. Vorerst war dieses Verfahren für den Einsatz in Behörden konzipiert und für die Gewässergütekartierung, bis Mitte 1990, Teil des öffentlichen Untersuchungsprogramms (UfU e.V., 2002). Den acht Parametern

Wassertemperatur, Sauerstoffsättigung, pH, Leitfähigkeit, BSB$_5$, Ammonium, Nitrat und Phosphat werden unterschiedliche Gewichtungen (Exponent, E_i) zugeordnet. Weiterhin werden jedem Messwert der jeweiligen Parameter über ein Subindexsystem bestimmte Funktionswerte (Subindices, S_i) zugewiesen. Für die Berechnung des Chemischen Index' (CI) werden anschließend die jeweils gewichteten Funktionswerte miteinander multipliziert: $CI = S_1^{E1} \times S_2^{E2} \times .... \times S_8^{E8}$. Dabei kann die dimensionslose Kenngröße CI einen Wert zwischen 0 und 100 annehmen und schließlich in eine Wassergüteklasse kategorisiert werden. Hierbei hat 0 die schlechteste und 100 die beste Güte (Bach, 1980). Die benötigten Subindices wurden anhand der Tabellen im Anhang II über mathematische Interpolation berechnet. Die Berechnungen des Chemischen Index' sowie die Zuordnung der jeweiligen Gewässergüte sind im Anhang III aufgeführt. Die Gütegliederung erfolgte nach unten dargestellter Tabelle 5.

Tabelle 5: Gütegliederung von Fließgewässern anhand des Chemischen Index'

Indexzahl	Güteklasse	Beurteilung
100 – 83	I	unbelastet bis sehr gering belastet
82 – 74	I-II	gering belastet
73 – 56	II	mäßig belastet
55 – 45	II-III	kritisch belastet
44 – 27	III	stark verschmutzt
26 – 18	III-IV	sehr stark verschmutzt
17 – 0	IV	übermäßig stark verschmutzt

3.3.2 Biologisch

Für die biologische Wassergütebeurteilung wurde der Saprobienindex der makroskopischen Feldmethode nach Meyer (1990) gewählt. Mittels des Saprobiensystems kann die organische Belastung eines Fließgewässers bestimmt werden. Die im Gewässer befindlichen Makroorganismen werden als Bio-Indikatoren herangezogen. Die Methode beruht darauf, dass sich in Abhängigkeit organischer, leicht abbaubarer und sauerstoffzehrender Substanzen, z. B. aus häuslichen Abwässern, die Zusammensetzung der

Organismengesellschaften in vorhersagbarer Weise ändert. Aufgrund ihrer unterschiedlichen Toleranzbereiche lassen sich somit auch Veränderungen aufzeigen, welche sich über einen längeren Zeitraum ereignet haben (Meyer, 1990). Eine Einstufung der Gewässergüte anhand biologischer Lebensgemeinschaften in Fließgewässern ist auch Bestandteil der Untersuchungsmethodik im Rahmen der EG-WRRL. Die Feldmethode nach Meyer (1990) bedient sich einem vereinfachten Index, beruhend auf den aussagekräftigsten Indikatorarten. Dabei ist jeder Indikatorart ein bestimmter Indexwert zugewiesen, welcher empirisch hergeleitet wurde.

Für die Ermittlung des Saprobienindex' nach Meyer (1990) werden den quantitativen Funden qualitative Häufigkeitswerte gleichgesetzt, sogenannte Einzelhäufigkeiten (vgl. Tabelle 7). Die Summe aller Einzelhäufigkeitswerte ergibt die Gesamthäufigkeit. Durch Multiplikation der Einzelhäufigkeit der jeweils gefundenen Art mit ihrem spezifischen Indexwert wird die Einzelsumme berechnet. Anschließend ist zur Ermittlung des Saprobienindex' die Gesamtsumme aller Einzelsummen durch die Gesamthäufigkeit zu teilen. Anhand von Tabelle 8 kann schließlich die entsprechende biologische Gewässergüteklasse zugeordnet werden. Nachfolgend werden in Tabelle 6 die genutzten Formeln zur Berechnung des SaprobienIndex' aufgelistet und in Tabelle 32 des Anhang IV befinden sich in die Ergebnisse.

Tabelle 6: Formeln zur Berechnung des Saprobienindex'

Gesamthäufigkeit = Summe aller Einzelhäufigkeiten
Einzelsumme = $\dfrac{\text{Einzelhäufigkeit des Bioindikators}}{\text{Artenspezifischer Index}}$
Saprobienindex = $\dfrac{\text{Gesamtsumme aller Einzelsummen}}{\text{Gesamthäufigkeit}}$

Tabelle 7: Häufigkeitswerte zur Berechnung des Saprobienindex'

Häufigkeitswert	Qualitative	Quantitative
1	Einzelfund	nicht mehr als zwei Tiere
2	wenig	3-10
3	wenig-mittel	11-30
4	mittel	31-60
5	mittel-viel	61-100
6	viel	101-150
7	massenhaft	über 150

Tabelle 8: Gütegliederung von Fließgewässern anhand des Saprobienindex'

Güteklasse	Grad der organischen Belastung	Saprobität (Saprobiestufe)	Saprobienindex
I	unbelastet bis sehr gering belastet	oligosaprobe Stufe	1,0 - < 1,5
I-II	gering belastet	oligosaprobe Stufe mit Tendenz zur Betameso-saprobie	1,5 - < 1,8
II	mäßig belastet	betamesosaprobe Stufe	1,8 - < 2,3
II-III	kritisch belastet	alpha-betamesosaprobe Grenzstufe	2,3 - < 2,7
III	stark verschmutzt	alphamesosaprobe Stufe	2,7 - < 3,2
III-IV	sehr stark verschmutzt	polysaprobe Stufe mit Tendenz zur Alphameso-saprobie	3,2 - < 3,5
IV	übermäßig stark verschmutzt	polysaprobe Stufe	3,5 - 4,0

4 Ergebnisse

Im Folgenden werden die Ergebnisse zusammenfassend erläutert. Eine ausführliche Darstellung der chemisch-physikalischen Ergebnisse findet sich in Tabelle 9 bis Tabelle 12, den jeweiligen Bächen untergeordnet. Die Höhe, Breite und Tiefe sind dort noch einmal der Übersicht halber mit aufgeführt. Eingrenzungen des Messbereichs sind hinter den Ergebnissen eingeklammert aufgeführt. Auffällige optische Merkmale und Funde der biologischen Untersuchung fließen in die Erläuterung mit ein. Eine Artenliste der gefundenen Exemplare ist im Anhang IV aufgeführt. Die Wetterlage befand sich kurz zuvor und innerhalb des Untersuchungszeitraumes Ende Juli in trockenem Zustand. Eine Einstufung der beprobten Gewässerabschnitte in ihre Güteklassen, sowie eine Bewertung der Ergebnisse, wird in den darauffolgenden Kapiteln behandelt.

4.1 Holzfeld und Rheinbay

4.1.1 Burbach

Die Untersuchungsergebnisse des Burbachs sind von der Einleitung des vorgeklärten Abwassers der Gemeinde Holzfeld geprägt. Im Oberlauf wies der Bach eine um zirka 2 °C erhöhte Temperatur im Vergleich zur Wassertemperatur der bachabwärts liegenden Probenstellen auf. Innerhalb dieser Strecke stieg auch der pH-Wert um 0,5 auf 8,18 an. Die Substrate der Probenstellen A1 und A2 waren zum Teil von einer Faulschlammschicht geprägt und Oberflächen von Gesteinsunterseiten bis zu 50 % mit schwarzen Eisen-II-Sulfid Ausfällungen überzogen. Des Weiteren war ein üppiges Wasserlinsenwachstum vorhanden. Im Oberlauf kamen teilweise schleimig-weißlich überzogene Flächen vor. Die Leitfähigkeit nahm von der ersten zur dritten Messstelle um rund 150 µS/cm ab. Ebenso nahmen der Ammonium- und Nitritgehalt stark ab und die CSB- und BSB_5-Werte sowie der Ortho-Phosphatgehalt waren bachabwärts rückläufig. Der Nitratgehalt nahm jedoch um 1,3 mg/L und die Sauerstoffsättigung um 30 % zu (vgl. Tabelle 9). Im Mittel ergab die chemisch-physikalische Gewässergüte nach Bach (1980) einen Wert von II-III, was einer kritischen Belastung entspricht. Die Einstufung des Makrozoobenthos nach Meyer (1990) entsprach mit einem Wert von III-IV einer sehr starken Verunreinigung.

Tabelle 9: Chemisch-physikalische Untersuchungsergebnisse des Burbachs

Gebiet	Holzfeld		
Gewässername	Burbach		
Probenname	A1	A2	A3
Datum	21.07.2012	21.07.2012	21.07.2012
Uhrzeit	13:11	18:00	19:19
Höhe (m)	243	160	138
Breite (m)	0,6	< 1,2	< 1,5
Tiefe (m)	< 0,1	< 0,15	< 0,15
Strömungsgeschwindigkeit (m/s)	1,2	1	0,4
Wassertemperatur (°C)	16,5	14,1	14
Leitfähigkeit (µS/cm)	758	615	605
pH-Wert	7,65	7,88	8,18
O2-Konzentration (mg/L)	6,15	9,33	9,56
O2-Sättigung (%)	64	91,2	93,3
CSB (mg/L)	23	13	12
BSB5 (mg/L)	5	< 1	< 1
Ortho-Phosphat (mg/L)	> 1,5 (2-3)	> 1,5 (2-3)	> 1,5 (1-2)
Nitrat (mg/L)	4,9	5,8	6,3
Nitrit (mg/L)	0,262	0,023	0,014
Ammonium (mg/L)	> 2,3	1,92	< 0,04

4.1.2 Patelsbach

Die Messergebnisse des Patelsbaches zeigen bachabwärts eine geringe Zunahme von Wassertemperatur, pH-Wert und Sauerstoffsättigung, sowie der Leitfähigkeit an. Gegenläufig dazu verhalten sich die Werte des CSB und BSB_5. Während der Gehalt an Ortho-Phosphat, Ammonium und Nitrit geringfügig zunahmen, verringerte sich der Nitratgehalt um 1,1 mg/L, von der ersten zur zweiten Probenstelle (vgl. Tabelle 10). Der Chemische Index ergab eine Gewässergüte von I, also unbelastet bis gering belastet. Der Saprobienindex hingegen lieferte im Mittel eine Güte von II.

Tabelle 10: Chemisch-physikalische Untersuchungsergebnisse des Patelsbaches

Gebiet	Rheinbay	
Gewässername	Patelsbach	
Probenname	B1	B2
Datum	22.07.2012	22.07.2012
Uhrzeit	14:52	13:40
Höhe (m)	198	109
Breite (m)	< 1	< 1,5
Tiefe (m)	< 0,15	< 0,1
Strömungsgeschwindigkeit (m/s)	1,2	0,5
Wassertemperatur (°C)	12,7	13,3
Leitfähigkeit (µS/cm)	401	442
pH-Wert	7,46	7,91
O2-Konzentration (mg/L)	10,11	10,15
O2-Sättigung (%)	95,8	100
CSB (mg/L)	6	5
BSB5 (mg/L)	4	3
Ortho-Phosphat (mg/L)	< 0,05	0,06
Nitrat (mg/L)	6	4,9
Nitrit (mg/L)	0,014	0,018
Ammonium (mg/L)	< 0,04	0,04

4.2 Oppenhausen

4.2.1 Bachebächelchen

Das Bachebächelchen, welches von eingeleitetem Klärwasser aus Oppenhausen geprägte ist, wies eine mittlere Temperatur von 17,7 °C auf. Die gemessene Temperatur variierte zwischen den Probenstellen um 0,4 °C. Im Bereich des Klärwassereintritts war eine Schaumbildung zu beobachten. Als stabil kann der pH-Wert betrachtet werden, welcher sich nur um 0,04 veränderte. Die Leitfähigkeit nahm von der ersten zur zweiten Probenstelle nur geringfügig ab, die Sauerstoffsättigung dagegen um 4 %. Auffällig ist die Zunahme des BSB_5 um 4 mg/L, bei gleichzeitiger Abnahme des CSB um 3 mg/L, bachabwärts. Der Nitratgehalt stagnierte, während sich der Gehalt an Nitrit schwach und der von Ammonium um rund 0,03 mg/L verringerte. Ebenfalls nahm der Ortho-Phosphatgehalt ab, um 0,08 mg/L. Insgesamt ergab sich eine chemisch-physikalische Gewässergüte von durchschnittlich II-III und eine saprobielle Güte von III.

Tabelle 11: Chemisch-physikalische Untersuchungsergebnisse des Bachebächelchens

Gebiet	Oppenhausen	
Gewässername	Bachebächelchen	
Probenname	C1	C2
Datum	26.07.2012	26.07.2012
Uhrzeit	17:30	18:48
Höhe (m)	277	239
Breite (m)	< 1	< 2
Tiefe (m)	< 0,3	< 0,4
Strömungsgeschwindigkeit (m/s)	1,3	0,6
Wassertemperatur (°C)	17,9	17,5
Leitfähigkeit (µS/cm)	1104	1044
pH-Wert	8,4	8,43
O2-Konzentration (mg/L)	9,03	8,65
O2-Sättigung (%)	97,3	93,5
CSB (mg/L)	18	15
BSB5 (mg/L)	6	10
Ortho-Phosphat (mg/L)	0,73	0,65
Nitrat (mg/L)	1,7	1,7
Nitrit (mg/L)	0,016	0,015
Ammonium (mg/L)	0,04	0,014

4.2.2 Eltesbächelchen

Das Eltesbächelchen nahm, zwischen der Probenstelle D1 im Oberlauf und der Probenstelle D2 oberhalb der Mündung, um mehr als 3 °C an Wassertemperatur zu. Ebenfalls stieg innerhalb dieses Bereiches der pH-Wert um 1,15 und die Sauerstoffsättigung um 7 %, bei geringfügiger Abnahme der Sauerstoffkonzentration. Des Weiteren nahmen der CSB um 6 mg/L und der BSB_5 um 1 mg/L zu. Während sich der Nitratgehalt um 3,8 mg/L verringerte, nahmen der Gehalt an Ammonium und Nitrit zu. Ebenfalls erhöhte sich der Ortho-Phosphatgehalt von der oberen Messstelle D1 bachabwärts. Im Eltesbächelchen lagen sowohl die biologische als auch die chemisch-physikalische Gewässergüte bei einem Wert von II.

Tabelle 12: Chemisch-physikalische Untersuchungsergebnisse des Eltesbächelchens

Gebiet	Oppenhausen	
Gewässername	Eltesbächelchen	
Probenname	D1	D2
Datum	25.07.2012	25.07.2012
Uhrzeit	13:00	15:06
Höhe (m)	317	251
Breite (m)	0,5	< 1
Tiefe (m)	0,05	< 0,2
Strömungsgeschwindigkeit (m/s)	0,3	0,4
Wassertemperatur (°C)	13,2	16,3
Leitfähigkeit (µS/cm)	311	535
pH-Wert	7	8,15
O2-Konzentration (mg/L)	8,75	8,64
O2-Sättigung (%)	85,6	93
CSB (mg/L)	8	14
BSB5 (mg/L)	7	8
Ortho-Phosphat (mg/L)	0,07	0,11
Nitrat (mg/L)	5,7	1,9
Nitrit (mg/L)	0,012	0,024
Ammonium (mg/L)	< 0,04	0,06

5 Diskussion

In folgendem Kapitel sollen in der Ergebnisdiskussion die zu Beginn aufgeworfenen Fragen anhand der Untersuchungsergebnisse diskutiert und interpretiert werden. Den verschiedenen Fragestellungen entsprechend, wird die Ergebnisdiskussion thematisch in drei Abschnitte gegliedert. Anschließend sollen Maßnahmen zur Verbesserung aufgezeigt und schließlich die Vorgehensweise sowie die verwendeten Methoden kritisch reflektiert werden.

5.1 Ergebnisdiskussion

5.1.1 Gewässerzustand und Verunreinigungsquellen

Anhand der untersuchten Parameter soll im Folgenden diskutiert werden in welchem Zustand sich die von Klärwasser beeinflussten Bäche in Holzfeld und Oppenhausen befinden und inwiefern diese von anderen Verunreinigungsquellen beeinflusst werden.

5.1.1.1 Burbach

Der durch die Kläranlage Holzfeld beeinflusste Burbach, ist der herangezogenen Gewässergütebeurteilungen nach, das am schlechtesten zu bewertende Gewässer dieser Untersuchung. Es liegt mit einer durchschnittlichen Gewässergüte von II-III, nach chemisch-physikalischen Kriterien über dem nach EG-WRRL geforderten Mindestwert. Noch drastischer scheinen die Ergebnisse der saprobiellen Gewässergüteeinstufung zu sein. Hier ergab sich eine durchschnittliche Güte von III-IV. Es ist nun nach den Schwerpunktkriterien der beiden Bewertungsmethoden zu differenzieren und darüber hinaus eine genauere Betrachtung der einzelnen Untersuchungsparamter notwendig.

Während einzelne Bio-Indikatoren, nach Meyer (1990) besonders typische Belastungsanzeiger sind und sich dies auf die Güteklasseneinstufung auswirkt, arbeitet der Chemische Index nach Bach (1980) mit unterschiedlichen Gewichtungen (siehe Kapitel 3.3.1). Dabei wird der BSB_5 und die

Sauerstoffsättigung etwa doppelt so hoch wie die anderen Parameter berücksichtigt. Beide fließen zu 20 % in die Beurteilung ein. Ein weiteres Augenmerk gilt der Konzentration an Ammonium, welche mit 15 % in der Bewertung gewichtet wird. Die übrigen fünf Parameter liegen bei 10 % oder weniger.

Der **BSB$_5$** als Parameter für den Zusammenhang zwischen organischer Belastung eines Gewässers und Abbautätigkeit der Mikroorganismen durch Sauerstoffzehrung, kann allerdings stark vom realen Verhältnis abweichen. Dies kann der Fall sein, wenn toxische Substanzen, wie zum Beispiel Biozide aus der Landwirtschaft, nach regenreichen Phasen oberflächlich abgeschwemmt wurden und über Vorfluter in die Flüsse gelangen. Besitzen solche Stoffe schädigende Wirkung für Organismen, wird dadurch auch deren Abbauleistung beeinträchtigt und somit eine Korrelation zu der Menge organischen Materials nicht mehr möglich (Brehm & Meijering, 1996). Mit landwirtschaftlichen Verunreinigungen ist im Burbach aufgrund seiner Lage jedoch nicht zu rechnen.

Nach Baur (1997) ist zur Validierung des BSB$_5$, die Messung des **CSB** hilfreich. Dieser erfasst sowohl organische, als auch anorganische Substanzen, welche unter bestimmten Bedingungen oxidierbar sind. Bei biologisch gut abbaubarem kommunalem Abwasser ist der CSB etwa doppelt so hoch wie der BSB$_5$. Für alle Probenstellen des Burbachs lagen die Werte des CSB jedoch mehr als das Vierfache über denen des BSB$_5$. Dieses Verhältnis lässt nach Baur (1997) auf eine industrielle Verunreinigung des Abwassers schließen. Eine kritische Belastung liege schon ab einem BSB$_5$ von mehr als 5 mg/L vor. Im Burbach lagen die Werte des BSB$_5$ bei genau 5 mg/L oder unterhalb des messbaren Bereiches. Diese Werte konnten nach einer zweiten Messung etwa eine Woche später bestätigt werden. In Anbetracht der vergleichsweise hohen Stickstoffwerte (Ammonium, Nitrat und Nitrit) liegt die Vermutung nahe, dass Substanzen im Wasser vorlagen, welche zur Störung mikrobieller Abbautätigkeiten führten und somit zu einer Verfälschung des BSB$_5$. Die Funde der Bio-Indikatoren im

Burbach unterstreichen diesen Verdacht. Typische Lebensgemeinschaften organisch hoch belasteter Gewässer waren anzutreffen. Solche Gewässer sind üblicherweise von einem hohen BSB_5 geprägt (Meyer, 1990). Bachabwärts verringerten sich die Messwerte des CSB und BSB_5. Diese Befunde waren absehbar, da sich durch die Verdünnung der Abwasserfahne mit dem Bachwasser auch die Konzentration schädlicher Substanzen verringert. Die Abnahme wird deutlich, wenn die Verringerung der **Leitfähigkeit** um rund 150 µS/cm betrachtet wird. Die Leitfähigkeit, welche auf der physikalischen Grundlage beruht, dass Wasser den elektrischen Strom leitet, ist besonders geeignet zur Erfassung von Veränderungen der Gewässerzusammensetzung. Sie ist insbesondere von der Konzentration und dem Dissoziationsgrad von Ionen gelöster Substanzen abhängig, denn die Ionenkonzentration ist es, welche dem Wasser seine elektrische Leitfähigkeit verleiht. Für Abwasser liegen charakteristische Werte zwischen 700 und 10.000 µS/cm. Flusswasser hingegen weist typischerweise einen Wert zwischen 300 und 500 µS/cm auf (Baur, 1997). Das heißt mit Werten zwischen 600 und 800 µS/cm befindet sich der Burbach noch im unteren Bereich beeinflusster Gewässer. Die Leitfähigkeit kann jedoch nicht mit einer bestimmten Gewässergüte in Korrelation gebracht werden, da sich der Einfluss von im Wasser gelöster Ionen, auch durch bestimmte geologische Formationen ergeben kann (Brehm & Meijering, 1996).

Mit der Abnahme der Konzentration gelöster Stoffe, sprich der Verdünnung der Abwasserfahne, stieg der **Sauerstoffgehalt** zwischen der obersten und untersten Probenstelle des Burbachs um 3,3 mg/L an. Dies sagt jedoch noch nichts über den Gehalt aus, welchen das Gewässer eigentlich haben könnte. Für gesundes Wachstum der Gewässerorganismen ist Sauerstoff im Gewässer eine Voraussetzung. Der Sauerstoffgehalt sollte möglichst an der Sättigungsgrenze liegen. Diese ist von der Wassertemperatur und dem Luftdruck abhängig. Bei strömungsreichen Fließgewässern, wie dem Burbach, wird der größte Teil des Sauerstoffs an der Grenzfläche zwischen Wasser und Luft aus der Atmosphäre eingetragen. Dies geschieht über Turbulenzen aufgrund von Strömung. Eine niedrige Sauerstoffsättigung deutet also gerade in turbulenten Gewässern, auf einen hohen Grad an Verschmutzung hin (Baur, 1997). Innerhalb des Untersuchungsbereiches sank die Temperatur, von 16,5 auf 14 °C. Damit stieg also die Fähigkeit des Wassers Sauerstoff zu lösen. Der relativ große Temperaturunterschied lässt sich zum einen auf die generell erhöhte Temperatur von Abwasser zurückführen. Darüber hinaus jedoch auch auf die drei untereinander geschalteten Teiche der Kläranlage, welche nur wenig beschattet werden und mit einer großen Oberfläche der Sonneneinstrahlung ausgesetzt sind. Der Mittel- und Unterlauf des Burbachs hingegen befindet sich schon aus seiner Exposition in einem bewaldeten Kerbtal heraus, von geringerer Strahlung beeinflusst.

Es ergab sich ein Anstieg der **Sauerstoffsättigung,** innerhalb von 700 m bachabwärts, um rund 30 auf 93,3 %. Diese positive Entwicklung steht also in Korrelation zur Abnahme des bereits angesprochenen CSB und BSB$_5$, sowie der Temperatur und in diesem Fall auch zur Abnahme der Leitfähigkeit. Dieser Befund wird auch dadurch gestützt, dass der größte Verbrauch an Sauerstoff im Burbach auf die Atmung der im Wasser lebenden Tiere und Mikroorganismen zurückzuführen ist, da außer stellenweise vorkommenden Wasserlinsen-gesellschaften keine höheren Pflanzen in den Untersuchungsabschnitten des Gewässers wuchsen. Also sind weder die Zufuhr noch der Verbrauch von Sauerstoff auf die Photosynthesetätigkeit grüner Pflanzen zurückzuführen.

Die Verwertung organischer Stoffe durch mikrobielle Tätigkeit, ist wie bereits beim BSB$_5$ erläutert wurde, darüber hinaus an der Abnahme des **Ortho-Phosphat- und Ammoniumgehaltes** erkennbar. Da diese wiederum für den Aufbau organischer Substanz und Stoffwechselprozesse benötigt werden. Eine erhöhte Algenproduktion konnte in den entsprechenden Abschnitten diesbezüglich aber nicht beobachtet werden, was ebenfalls mit den schlechten Lichtverhältnissen zusammenhängen könnte.

In weniger gut belüfteten Bereichen, insbesondere unter größeren Gesteinen konnte dagegen die Ausfällung von **Eisen(II)-Sulfid**, in Form großflächiger schwarzer Stellen, festgestellt werden. In diesen Bereichen herrschten über einen längeren Zeitraum anaerobe Bedingungen vor, sodass durch den Abbau schwefelhaltiger organischer Substrate Eisen(II)-Sulfid ausgefällt wurde. Diese Reaktion geschieht unter Einwirkung von Eisen-Ionen. Giftiger **Schwefelwasserstoff** wird bei solchen Abbauprozessen unter Reduktionsbedingungen, insbesondere bei niedrigen pH-Werten, freigesetzt. In größtenteils turbulenten Fließgewässern wie dem Burbach, wird dieses lösliche Gas jedoch schnell wieder zur ungefährlichen Form des Schwefeldioxids oxidiert (Baur, 1997). Im Zusammenhang mit der Ausfällung von Eisen(II)-Sulfid ist auch der im Oberlauf stellenweise aufgetretene weiße Schleier auf Sedimenten zu nennen. Dies ist nach Meyer (1990) ein Hinweis auf Schwefelbakterienkolonien über Faulschlammsedimenten und zusammen mit den Eisen(II)-Sulfid-Ausfällungen stützender Indikator für eine Gewässergüteklasse zwischen III und IV.

Auch die **Phosphatkonzentration** von 2,5 mg/L im Oberlauf, wies auf eine stark angereicherte Sekundärverunreinigung aus Klärwasser hin. Phosphat wurde im Zuge dieser Arbeit nur als Ortho-Phosphat gemessen. Diese Form des Phosphats ist pflanzenverfügbar und nicht gebunden, steht also wiederum zum Aufbau organischer Substanz zur Verfügung. In Bakterien, Grünalgen und höheren Pflanzen kann sie gespeichert werden, während gebundenes Phosphat von verschiedenen Stoffen wie Tonmineralen und Eisen adsorbiert wird oder durch Anionenaustausch gebunden werden kann. So kann sich Phosphat als Niederschlag auch im Sediment anreichern.

Zu noch höheren Phosphatkonzentrationen könnte es demnach im Herbst kommen, da vermehrte Niederschläge das im Sediment abgesetzte Phosphat freischwemmen sowie das Absterben von Blättern und der daraus resultierende hohe Laubanfall mehr Phosphat eintragen (Brehm & Meijering, 1996). Um dies zu prüfen, wäre eine zweite Messreihe mit thermischem Aufschluss für den

Gesamt-Phosphorgehalt notwendig.

Ebenfalls bedenklich sind die gemessenen Konzentrationen an **Ammonium** einzustufen. Mit über 2,3 mg/L deutet der Wert im Oberlauf auf eine unzureichende Nitrifikation durch Mikroorganismen im Belebungsbecken der Kläranlage hin. Während die Endprodukte aus der Verwertung von Kohlenhydraten unserer Nahrung Kohlendioxid und Wasser sind, können Ammonium und **Ammoniak** als Endprodukte von Eiweißen und Fetten entstanden sein. Ammonium wird als schwaches, Ammoniak hingegen als starkes Gift eingestuft. Die messbaren Konzentrationen zeigen die Gesamtmenge beider Stoffe an. In welchen Anteilen diese konkret vorliegen ist hauptsächlich vom jeweiligen pH-Wert des Gewässers abhängig. Bei pH 6 liegen die Abbauprodukte vollständig als weniger toxisches Ammonium vor. Bei einem pH-Wert von 8 sind es 4 % Ammoniak, bei pH 9 jedoch schon 25 % des starken Fischgiftes. Das Gleichgewicht verschiebt sich mit Zunahme des **pH-Wertes** in Richtung des stark toxischen Ammoniaks (Klapper, 1992). Im Oberlauf lag ein pH-Wert von 7,65 vor, was einen Ammoniakgehalt von 0,0328 mg/L ergibt. Diese Konzentration liegt nach Baur (1997) bereits um 0,0203 mg/L über der gefährdenden Menge für Fische. Die mittlere Messstelle lieferte noch drastischere Worte. Durch die Zunahme des pH-Wertes bachabwärts nahm die Ammoniak Konzentration dort um 0,0057 mg/L zu. Insgesamt aber sanken die Gesamtwerte von Ammonium/ Ammoniak bachabwärts. Diese Abnahme ist Teil der als Selbstreinigungskraft bezeichneten Funktion von Fließgewässern und über den Stickstoffkreislauf eng mit den Umwandlungsprozessen von Nitrit und Nitrat verbunden. Bei der Oxidation von Ammonium durch Mikroorganismen (Nitrosomas) entsteht Nitrit. Als Zwischenprodukt ist Nitrit, wie Ammoniak, auf Organismen toxisch wirkend. In welcher Form Nitrit im Wasser vorliegt hängt, ähnlich wie beim Ammonium-Ammoniak-Gleichgewicht, vom pH-Wert des Gewässers ab. Je höher der pH-Wert, desto geringer ist der prozentuale Anteil toxischer salpetriger Säure

(HNO_2). Ab einem pH-Wert von 6 liegen die Anteile salpetriger Säure unterhalb von 0,24 % und damit aus dem für Fische gefährlichen Bereich (Baur, 1997). Bedenkliche Nitritwerte liegen nach Baur (1997) ab einem Gehalt von mehr als 0,5 mg/L vor. Im intakten System ist diese Form des Stickstoffs aber nur von kurzer Verweilzeit. Nitrobacter-Bakterien bauen Nitrit weiter zu Nitrat ab. Bei der Oxidation der Substanzen wird dem Wasser Sauerstoff entzogen. Dieser Kausalzusammenhang spiegelt sich in den Ergebnissen der Stickstoffmessungen wieder. Während die relativ hohen Konzentrationen von Ammonium und Nitrit bachabwärts sanken, stieg der Nitratgehalt stark an. Die Sauerstoffsättigung nahm erwartender Weise ebenfalls zu. Fehlt Sauerstoff, kann der Prozess jedoch auch umgekehrt ablaufen. Nitrat wird dann zu elementarem Stickstoff umgewandelt, welcher in die Atmosphäre entweicht oder es wird Ammonium bzw. Ammoniak gebildet. Die Bakterien gewinnen dabei den Sauerstoff, der in den Molekülen enthalten ist. Aus Nitrat wird vorerst wieder das toxische Nitrit und dann je nach pH-Wert das giftige Ammoniak. Dies in Verbindung mit schon fehlendem Sauerstoff führt zu erhöhter Mortalität der Wasserlebewesen (Baur, 1997). Zu solch sauerstoffarmen Verhältnissen kann es auch im Burbach, bei Überlastung der Kläranlage durch übermäßige Nährstoffzufuhr, kommen.

Über den Zusammenhang des Stickstoffkreislaufes, dem Abbau organischer Substanzen und damit auch des BSB_5 wird erkenntlich, warum die zu Beginn genannten Gewichtungsanteile des Chemischen Index' nach Bach (1980), erhöht auf die Sauerstoffsättigung, den BSB_5 und die Ammoniumkonzentration fallen.

Ammoniak und salpetrige Säure, zwei stark toxische Stoffe, hängen vom Eintrag organischer Substanz und dem Sauerstoffgehalt ab. Während Ammoniak bei hohen **pH-Werten** auftritt, steigt der Anteil salpetriger Säure mit Abnahme des pH-Wertes. Dies verdeutlicht noch einmal den schmalen Bereich gesunder pH-Werte für das Ökosystem Bach. Im Burbach ergaben die pH-Messungen Werte, welche sich in einem solchen gesunden Bereich befanden. Nach Baur (1997) können auch Wasserorganismen nur innerhalb eines kleinen pH-Bereiches leben, welcher zwischen 7 und 8,5 liegt. Bachabwärts stieg der pH-Wert um 0,5 auf 8,18 an, was im Kohlenstoffhaushalt des Gewässers begründet sein könnte. Kohlendioxid, welches mit Wasser zu Kohlensäure reagiert, trägt zur Verringerung des pH-Wertes bei. Der Kohlenstoffhaushalt wiederum ist eng mit dem Sauerstoffhaushalt gekoppelt, da Kohlendioxid und Sauerstoff die großen Gegenspieler darstellen. Eine Zunahme des Sauerstoffgehaltes im Wasser bedeutet immer eine Abnahme des Kohlendioxids, verbunden mit einer Erhöhung des pH-Wertes und umgekehrt. Eine weitere Beeinträchtigung des pH-Wertes stellen besondere geologische Formationen dar (Brehm & Meijering, 1996). Wie in Kapitel 2.2 bereits erläutert sind die im gesamten Untersuchungsgebiet anzutreffenden devonischen Schiefer jedoch kalkarmes Gestein, welche kaum Härtebildner wie Kalzium- und Magnesiumkarbonat besitzen. Es wäre also eher mit einer Versauerung durch Huminsäuren saurer Sickerwässer aus Nadelwäldern oder durch Luftverunreinigung beeinträchtigte Niederschläge zu rechnen (Baur, 1997). Nun liegt im Burbach jedoch ein eher hoher pH-Wert vor, was in einer basischen Wirkung des Klärwassers begründet sein könnte. Nach Görner & Hübner (2002) kann dies auf Waschlaugen oder industrielle Verunreinigungen zurückzuführen sein.

Der Burbach weist, den Untersuchungsergebnissen nach zu urteilen, bis in den Unterlauf typische Charakteristika einer Klärwasserverunreinigung auf. Es kann demnach gesagt werden, dass sein natürlicher Zustand deutlich beeinträchtigt ist und kritisch belastet wird. Die gefundenen **Organismen** deuten über Indikatorwerte nach Meyer (1990) sogar auf einen sehr stark verschmutzen Zustand hin. Insbesondere die im Oberlauf, in vergleichsweise großer Anzahl, vorgekommenen Zuckmückenlarven (*Chironomus plumosus*), zeigen über einen Saprobienindex von 3,6 eine polysaprobe Verunreinigung an (siehe Anhang IV). Ihr Vorkommen macht auch deutlich warum neben dieser Art nur noch zwei weitere vorhanden waren. Nach Meyer (1990) kommen in polysaproben Verhältnissen üblicherweise nur noch Schlammröhrenwürmer (*Tubifex sp.*) als Bio-Indikatoren vor. Demnach war diese Verunreinigungsstufe, der Güteklasse IV – übermäßig starker Verschmutzung, im Burbach noch nicht erreicht. Insgesamt lässt sich bachabwärts, sowohl über die Einstufung des Chemischen Index' nach Bach (1980) als auch nach der Methode von Meyer (1990), eine Verbesserung der Gewässergüte erkennen. Diese qualitative Zunahme verdeutlicht die selbstreinigende Funktion eines Gewässers durch seine Organismen. Während sich die chemisch-physikalischen Gewässergüte von III auf II verbesserte, war an den Organismengesellschaften keine wesentliche Änderung festzustellen. An der zweiten und dritten Probenstelle waren zwar keine Zuckmückenlarven (*Chironomus plumosus*) mehr anzutreffen, jedoch blieben die anderen Arten in ihrem Vorkommen und ihrer Anzahl nahezu unverändert. Dieser Befund ist für die Zustandsbewertung elementar. Da Diskrepanzen zwischen der biologischen und chemisch-physikalischen Gewässergütebeurteilung bestehen, ergibt sich hieraus der Schluss, dass entweder zu einem früheren Zeitpunkt eine höhere Wasserbelastung vorgelegen haben muss oder die Probenahmen des Makrozoobenthos nicht umfangreich genug gewesen sind, um eine Aussage treffen zu können. Diese Annahmen liegen darin begründet, dass Makrozoobenthos nach Friedrich & Lacombe (1992) aufgrund ihrer begrenzten Anpassungsfähigkeit, insbesondere für Langzeitaussagen eine wichtige Rolle spielen.

5.1.1.2 Bachebächelchen

Die Untersuchung des zweiten von Klärwasser beeinflussten Baches, des Bachebächelchens in Oppenhausen, zeigte ebenso eine Abweichung zwischen der biologischen und chemisch-physikalischen Gewässergütebeurteilung wie der Burbach. Die Einstufung nach den Saprobienwerten der gefundenen Organismen ergab im Bachebächelchen mit einer Güte von III insgesamt zwar ein besseres Ergebnis als im Burbach, jedoch liegen auch hier die Werte der biologischen Beurteilung höher als bei der chemisch-physikalischen Beurteilung. Die Diskrepanz zwischen der schlechtesten und der besten Gütestufe ist jedoch weniger groß als im Burbach, was auf einen stabileren Zustand der Wasserzusammensetzung, über einen längeren Zeitraum, hinweist. Dies unterstreicht auch der Fund einer Köcherfliegenlarve (*Hydropsyche sp.*), welche mit einem Saprobienwert von 2,0 in die Bewertung einging. Hierbei ist jedoch zu beachten, dass es sich um einen Einzelfund handelt.

Im Vergleich zum Burbach zeigten die Ergebnisse der beiden Probenstellen des Bachebächelchens bachabwärts ähnliche Entwicklungstendenzen des chemisch-physikalischen Gewässerzustandes. Es verringerten sich die Leitfähigkeit und der CSB sowie der Ortho-Phosphatgehalt, der Ammonium und der Nitritgehalt, während der pH-Wert zunahm und sich ebenso mit den Ergebnissen des Burbachs deckt. Ferner nahm jedoch die Temperatur vergleichsweise gering ab und wies mit einer mittleren Temperatur von 17,7 °C einen hohen Wert auf. Weiterhin ist festzustellen, dass zwar ähnliche Tendenzen vorherrschten, insgesamt aber die Veränderung der untersuchten Parameter sehr gering ausfiel, was an der vergleichsweise kurzen Strecke zwischen den Probenstellen liegen kann.

Auffällig und konträr zu den Ergebnissen des Burbachs sind die Zunahme des BSB_5 sowie des Sauerstoffgehaltes und der Sauerstoffsättigung aus den Untersuchungsergebnissen des Bachebächelchens. Damit einhergehend wurde auch die chemisch-physikalische Gewässergüte bachabwärts negativ beeinflusst. Sie entwickelte ihren Wassergütewert nach Bach (1980) von II auf II-III, was einer kritischen Belastung entspricht. Diese Entwicklungen sind insbesondere nicht kausal mit der Abnahme der Leitfähigkeit zu korrelieren. Die Abnahme des relativ hohen CSB bei paralleler Zunahme des BSB_5 sowie das Verhältnis von 1:0,3 ($CSB:BSB_5$), könnten analog zum Burbach, ebenfalls eine Einwirkung schädlicher Substanzen auf Mikroorganismen bedeuten. Beim Vergleich der Abnahme der Leitfähigkeit auf 100 m, fällt jedoch auf, dass im

Burbach mit 25,5 µS/cm pro 100 m ein etwa doppelt so hoher Rückgang wie im Bachebächelchen vorlag.

Dieser Vergleich könnte ein Hinweis für den Eintrag anderer Verunreinigungen aus der Umgebung sein. Hier sind die großen ackerbaulich genutzten Flächen, welche um das Bachebächelchen gelegen sind, heranzuziehen. Insbesondere aus dem Getreideanbau auf den nährstoffarmen Böden der Höhenterrassen könnten Düngepräparate eingespült worden sein (Diepolder, 2006). Die zweite Probenstelle liegt unterhalb der beiden, von der Ostseite her einfließenden Seitenzuflüsse, welche wie Vorfluter des dränenden Bodenwassers der umliegenden Flächen wirken könnten. Während die Probennahmen zwar nicht von Niederschlägen geprägt wurde, war jedoch der Monat Juli, in welchem die Untersuchungen stattfanden, der niederschlagsreichste Monat des Jahres (siehe Kapitel 2, Abbildung 2-4). Rund 75 % der Niederschlagssumme wurde vor dem Untersuchungszeitraum gemessen (Agrarmeteorologie Rlp, 2012).

Nach einer Studie der Bayerischen Landesanstalt für Landwirtschaft (LfL) werden über das Bodenwasser beim Getreideanbau jährliche Frachten von 0,3 –1,1 kg P/ ha ausgewaschen. Für Grünland- und Ackernutzungsflächen ergaben sich für den Phosphor (P_{ges}) ähnliche Werte, während die jährliche Stickstofffracht dränenden Bodenwassers unter Grünland nur 10 – 20 % von der Menge unter ackerbaulicher Nutzung ausmachte. Es ergaben sich für die ackerbaulich genutzten Flächen Nitratwerte von 20 – 25 kg Nitrat-Stickstoff (Nitrat-N) pro Hektar und Jahr. In der Studie wurde eine Fruchtfolge von Winterweizen mit der Zwischenfrucht von Silomais gegenüber einer Schnittnutzung von Grünland eingesetzt (Diepolder, 2006). Diese Ergebnisse stehen im Einklang mit denen einer österreichischen Studie (Eder, 2000; Galler, 2003).

Etwa 40 % des Einzugsgebietes des Bachebächelchens sind landwirtschaftliche Nutzflächen. Wird von einer etwa zu gleichen Anteilen, an genutztem Grünland und ackerbaulich bewirtschafteten Landwirtschaftsfläche ausgegangen, so können die jährlichen Frachten an Phosphor und Stickstoff aus der Landwirtschaft abgeschätzt werden. Nach Diepolder (2006) kann die Menge des Nitrat-N über den Faktor 4,43 zu Gesamt-Stickstoff (N_{ges}) umgerechnet werden. Es ergeben sich daraus eine durchschnittliche jährliche Fracht von rund 20 kg P_{ges} und 400 kg N_{ges}. Um die Größenordnung dieses Eintrags einordnen zu können, liegt der Vergleich mit dem häuslichen Abwasser aus der Kommune nahe. Nach Hackschmidt (2000) umfasst der tägliche Eintrag von Gesamt-Stickstoff im Mittel 11 g pro Tag und der von Gesamt-Phosphor durchschnittlich 1,95 g pro Tag. Dem Lagebericht 2010, zum Stand der Abwasserbeseitigung in Rheinland-Pfalz, vom Ministerium für Umwelt nach, sind für kommunale Kläranlagen, welche für weniger als 2.000 Einwohner ausgelegt sind, Abbauleistungen von 66 % für N_{ges} und 64 % für P_{ges} zu erwarten. Es ergeben sich für Oppenhausen daraus jährliche Klärwasserfrachten von rund 1.720 kg N_{ges} und 320 kg P_{ges}. Der Anteil an Verunreinigungen durch konventionelle Landwirtschaft beträgt demnach etwa 19 % für Stickstoff und 6 % für Phosphor. Dabei wird davon ausgegangen, dass die aus der Landwirtschaft ausgetragenen Frachten in das Gewässer gelangen. Eine Analyse der Konzentrationen von Gesamt-Phosphor wäre zur genaueren Untersuchung dieser These notwendig. Außerdem eine Betrachtung der Vorfluter und Rinnsale der Höhenterrassen, denn diese tragen zur Überwindung der Flächen und der um die Bäche gelegenen Waldgürtel bei. In den Untersuchungsgebieten weisen die Böden zwar eine „geringe" bis „äußerst geringe" Infiltrationsfähigkeit auf (vgl. Kapitel 2.4), was das oberflächliche Abschwemmen von Nährstoffen begünstigen würde, aufgrund der Bindewirkung des Bodens werden diese jedoch nicht über weite Strecken geschwemmt. Ortho-Phosphat kann über das Rückhaltevermögen des Bodens durch Adsorption oder Anionenaustausch und durch Ausfällung festgehalten werden (Hettwer, et al., 2006). So deckt sich die Vermutung des Eintrags aus der landwirtschaftlichen Nutzung zwar mit dem Befund, dass der Sauerstoffgehalt bachabwärts abnimmt, es war jedoch, wenn auch nur gering, ein Rückgang des Ortho-Phosphats festzustellen. Im Hinblick auf den Stickstoffhaushalt des Gewässers fällt darüber hinaus auf, dass die Konzentrationen von Ammonium und Nitrit, wie im Burbach, bachabwärts zwar geringfügig abnahmen, der Nitratgehalt jedoch unverändert blieb, was ebenfalls im Gegensatz zu der Vermutung landwirtschaftlichen Eintrags stehen würde. Wird aber das Verhältnis zwischen den Konzentrationen von Ammonium, Nitrit und Nitrat betrachtet, so zeigt sich eine große Diskrepanz im Vergleich zum Burbach. Insgesamt lagen die Werte von Ammonium und Nitrit in wesentlich kleineren Größenordnungen vor als im Burbach, während der Nitratgehalt ähnlich erhöht war. Da in den untersuchten Abschnitten, wie auch im Burbach, keine Verkrautung festgestellt werden konnte und somit auf keine relevanten Nitratrückgänge zu schließen wäre, zeigt sich hier ein weiterer Anhaltspunkt für einen Nährstoffeintrag, unabhängig vom kommunalen Abwassersystem.

5.1.2 Gegenüberstellung mit Referenzgewässern

Es soll nachfolgend der Frage nachgegangen werden, welche Aufschlüsse die untersuchten Referenzgewässer in Bezug auf das Maß der Verunreinigung geben können. Hierzu werden als Referenz sowohl das Eltesbächelchen in Oppenhausen, als auch der Patelsbach in Rheinbay, in welchen bis 1999 Klärwasser eingeleitet wurde, herangezogen. Die Berücksichtigung des Patelsbaches, als Referenzgewässer, liegt einerseits in der Tatsache begründet, dass der für Vergleiche heranzuziehende Tempusbach, in seiner Eignung zur Referenz stark eingeschränkt war und deshalb nicht weiter untersucht wurde. Andererseits ist der Vergleich mit dem Patelsbach, als Referenzgewässer, hier nur aufgrund seines vergleichsweise guten Gewässerzustandes möglich. Es soll jedoch auf den Patelsbach, nicht nur im Sinne eines Vergleiches, genauer eingegangen werden. Hervorgehoben werden soll auch sein heutiger Zustand, 13 Jahre nach der Stilllegung der Kläranlage Rheinbay.

Insgesamt weisen die beiden Gewässer, über die Gewässergütebeurteilung nach Bach (1980) und Meyer (1990), eine Güte von I-II, geringer bis mäßiger Belastung auf. Bei der biologischen Untersuchung konnte in beiden Gewässern eine höhere Anzahl unterschiedlicher Arten gefunden werden und typische Belastungsindikatoren konnten nicht entdeckt werden. Insbesondere wurden Steinfliegenlarven der Gattungen *Leuctra* und *Amphinemura* gefunden, welche sehr empfindlich gegen das Absinken des Sauerstoffgehaltes sind und daher eine Gewässergüte um 1,5 repräsentieren (Baur, 1997). Hauptsächlich kamen diese in den Oberläufen der Bäche vor. Bachabwärts kamen Steinfliegenlarven nur im Patelsbach vor und sowohl die Leitfähigkeit, als auch die Ammonium-, Nitrit- und Ortho-Phosphatwerte nahmen zu. Insgesamt lagen diese Werte jedoch in einer deutlich geringeren Größenordnung vor, als in den beiden von Klärwasser beeinflussten Bächen, Burbach und Bachebächelchen. Die Leitfähigkeiten der Referenzgewässer waren etwa halb so hoch und die Werte von Amonium, Nitrit und Ortho-Phosphat unterhalb der kritischen Grenzen. Eine Zunahme dieser Werte steht aber den Ergebnissen des Burbachs und des Bächebächelchens gegenüber. Die genannten Werte nahmen in diesen Bächen bachabwärts ab.

5.1.2.1 Patelsbach und Burbach

Der Patelsbach mit seiner nord-süd ausgerichteten Falllinie ist trotz der Bewaldung seines Tals höherer Sonneneinstrahlung ausgesetzt, als alle anderen Bäche der Untersuchung. Dies scheint jedoch die Sauerstoffsättigung nicht relevant zu beeinträchtigen. Die Temperatur nahm zwar bachabwärts geringfügig zu, der hohe, nahe an der Sättigungsgrenze befindliche Sauerstoffgehalt aber ebenso. Zwischen den beiden Probenstellen liegen 800 m, innerhalb welcher die Leitfähigkeit zwar um rund 5 µS/cm pro 100 m stieg, der CSB und BSB_5 jedoch abnahm. Auffällig ist der hohe Nitratgehalt von durchschnittlich 5,45 mg/L.

Die geringe Zunahme von Ammonium, Nitrit und Ortho-Phosphat könnte in

Korrelation zu der Zunahme der Leitfähigkeit stehen und auf die beiden Teiche, unterhalb der ersten Probenstelle, zurückzuführen sein. Eine aktive Fischzucht, in den deutlich dafür angelegten Becken, konnte nicht nachgewiesen werden. Solche Becken können jedoch, im Sinne des Gewässerschutzes, nicht nur Produktion von Nährstoffen über Exkremente der Fischzucht sein, sondern auch Nährstoffsammelbecken. Über größere Wasserfrachten, durch Niederschläge, können erhöhte Nährstoffmengen innerhalb kurzer Zeit in das Gewässer gelangen, was zu kritischen Sauerstoffwerten führen könnte. Dies scheint anhand der gefunden Bio-Indikatoren unlängst jedoch nicht der Fall gewesen zu sein.

Die hohen Konzentrationen von Nitrat scheinen mit der Umgebung in Zusammenhang zu stehen, da sie schon im Oberlauf auftreten. Von den 1,9 km² des Einzugsgebietes sind rund 15 % landwirtschaftlich bewirtschaftete Flächen, welche jedoch an den meisten Stellen durch einen breiten Waldgürtel vom Bach getrennt werden. Einträge aus ackerbaulich genutzten Flächen könnten aber auch über den Kurzebach, sowie über den Seitenzufluss, oberhalb der zweiten Probenstelle, erfolgen.

Der nahegelegene Burbach, welcher einer ähnlichen Höhenlage entspringt und ebenfalls in den Rhein mündet, aber an die Kläranlage in Holzfeld angeschlossen ist, weist nicht nur Unterschiede bei der Veränderung der chemisch-physikalischen Parameter auf, sondern auch bei deren Größenordnungen. So lag die Sauerstoffsättigung im Unterlauf, trotz des Selbstreinigungseffektes des Gewässers, bei 93 %, während im Patelsbach schon im Oberlauf knapp 96 % Sättigung festzustellen war. Des Weiteren lag der CSB des Burbachs zu Beginn, mit einem Wert von 23 mg/L, in einem etwa viermal so hohen Bereich. Ein Vergleich des BSB_5 wird hier nicht herangezogen, da dieser - wie bereits erläutert - sehr wahrscheinlich durch bestimmte Substanzen verfälscht wurde. Ebenfalls fällt auf, dass im Oberlauf des Burbachs ein rund 50-fach höherer Ammonium- und ein etwa 20-fach erhöhter Nitritgehalt im Vergleich zu den Ergebnissen des Patelsbaches gemessen wurden. Während die Konzentrationen des Ammoniums und Nitrits im Unterlauf beider Bäche jedoch wieder eine sehr ähnliche Größenordnung aufwiesen, blieb der Ortho-Phosphatgehalt im Burbach auf einem erhöhten Wert über 1,5 mg/L. Im Patelsbach nahm dieser bachabwärts zwar zu, lag aber unter 0,06 mg/L. Die Nitratgehalte lagen, wie oben bereits erwähnt, auf einem ähnlich hohen Niveau, jedoch veränderten sie sich gegenläufig zueinander. Im Burbach ist diese Veränderung klar mit dem Stickstoffkreislauf korrelierend. Der Patelsbach hingegen wies bachabwärts, bei einer ebenso hohen Veränderung des Nitratgehaltes, nur eine geringe Zunahme des Ammoniums und Nitrits auf. Dieser Vergleich hebt den oben erläuterten Einfluss, der umliegenden Flächen auf den Nitratgehalt, noch einmal hervor.

5.1.2.2 Eltesbächelchen und Bachbächelchen

Bei der näheren Betrachtung des Referenzbaches Eltesbächelchen fallen, wie zu Beginn des Kapitels bereits genannt, bachabwärts ähnliche Entwicklungstendenzen wie bei dem nun als Referenz herangezogenen Patelsbach auf. Die Nitratkonzentrationen lagen im Oberlauf ebenfalls bei einem Wert von rund 6 mg/L, nahmen aber bis zur zweiten Probenstelle auf einen Wert von rund 2 mg/L ab.

Verglichen mit dem, von der Kläranlage Oppenhausen beeinflussten, Bachebächelchen lag der Nitratgehalt im Oberlauf des Eltesbächelchens sogar um das Dreifache höher. An der zweiten Messstelle befanden sich die Werte in einem ähnlichen Bereich um 2 mg/L. Diese vergleichsweise hohe Abnahme des Nitratwertes, ist im Eltesbächelchen auf die rund vierfache Strecke zwischen den Probenstellen, zurückzuführen. Die erhöhte Konzentration des Nitrats könnte wiederum mit dem großen Anteil ackerbaulich genutzter Flächen des Bacheinzugsgebietes zusammenhängen. Wie beim Bachebächelchen sind auch rund 40 % des Einzugsgebietes Landwirtschaftsflächen. In diesem Kontext fällt auch auf, dass sowohl die Konzentration an Ortho-Phosphat, Ammonium und

Nitrit im Eltesbächelchen bachabwärts geringfügig zunahmen, als auch die Leitfähigkeit sich um 11 µS/cm pro 100 m erhöhte. Insgesamt liegen diese Werte jedoch in einer sehr viel geringeren Größenordnung vor. Der Ortho-Phosphatgehalt beispielsweise betrug etwa ein Zehntel des Gehaltes, welcher im klärwasserbeeinflussten Bachebächelchen gemessen wurde.

In Zusammenhang mit der Erhöhung der Leitfähigkeit stehen auch die Zunahmen und erhöhten Werte des BSB_5 und CSB und damit verbunden die Abnahme der Konzentration des Sauerstoffs. Die BSB_5-Werte liegen bereits über dem kritischen Bereich von 5 mg/L und könnten auf das reichliche Vorkommen höherer Pflanzen und mehrerer Teiche im Oberlauf zurückzuführen sein (Baur, 1997). Hierdurch ist nach Baur (1997) mit einem erhöhten Aufkommen organischer Substanz zu rechnen und dadurch wiederum einem erhöhten Sauerstoffbedarf. Dennoch stieg die Sauerstoffsättigung bachabwärts um 7 %, während die Temperatur sogar um 3 °C zunahm. Hierbei ist zu beachten, dass das Gefälle des Eltesbächelchens nur etwa halb so groß ist, wie das aller anderen betrachteten Gewässer. Erst nach rund 20 % der Gesamtstrecke gräbt es sich zu einem Kerbtal in das Gelände. Somit könnten die im Oberlauf gemessenen niedrigen Sauerstoffkonzentrationen, trotz des hohen Pflanzenvorkommens und damit erwartungsgemäß hohem Sauerstoffgehalt, auf die niedrige Strömungsgeschwindigkeit zurückzuführen sein. Im Umkehrschluss dazu, könnte die zunehmende Sauerstoffsättigung, mit vermehrten Turbulenzen im Gewässer zusammenhängen. Die Funde des Makrozoobenthos deuten, trotz niedriger Strömungsgeschwindigkeit, auf gute Sauerstoffverhältnisse im Oberlauf hin, was angesichts der reichen Pflanzenvielfalt auch zu erwarten gewesen wäre. An der zweiten Probenstelle des Eltesbächelchens wurden weniger Indikatorarten gefunden, welche jedoch anhand des Saprobienwertes nach Meyer (1990), nur auf eine mäßige organische Belastung hinweisen.

5.1.2.3 Zusammenfassende Gegenüberstellung
Zusammenfassend konnten erstens, in Bezug auf die Organismengesellschaften

in den nicht von Klärwasser beeinträchtigten Bächen, eine höhere Vielfalt an Arten und Anzeiger besserer Gewässergüte gefunden werden. Zweitens wiesen die Referenzgewässer vergleichsweise geringe Konzentrationen an Ammonium, Nitrit und Ortho-Phosphat auf und unterschieden sich in ihren Leitfähigkeitswerten etwa um die Hälfte. Des Weiteren lagen die Wassertemperaturen, im Vergleich zu den beeinflussten Gewässern, Burbach und Bachebächelchen, durchschnittlich um mehr als 2 °C tiefer. Verglichen mit dem monatlichen Mittel des Untersuchungszeitraumes lagen die Wassertemperaturen der Referenzbäche rund 4 °C unter den Lufttemperaturen.

Bei sowohl chemisch-physikalisch, als auch biologisch guter Gewässergüte der beiden Referenzbäche, sollte dennoch der Einfluss äußerer Faktoren, wie der umliegenden Flächen, aber auch der zum Teil fischereilich genutzten Teiche, nicht unbeachtet bleiben. Alle untersuchten Bäche wiesen erhöhte Nitratwerte auf. Es überschritten außerdem, bis auf den Patelsbach, alle Gewässer den kritischen Bereich des biologischen Sauerstoffbedarfs. Für den Patelsbach, als inzwischen von der kommunalen Abwasserentsorgung unbeeinträchtigtem Bach, kann gesagt werden, dass sich seine Entwicklung in Bezug auf die untersuchten Faktoren, in einem vergleichsweise guten Zustand befindet. Ferner ist zu bemerken, dass sich nach Baur (1997), die pH-Werte aller untersuchten Bäche, in einem „guten Bereich" befanden. Mehrfache Überschreitungen kritischer Belastungsgrenzen konnten beim Burbach, welcher an die Kläranlage Holzfeld angeschlossen ist, nachgewiesen werden.

5.1.3 Kläranlagenverfahren und rechtliche Vorgaben
Die Untersuchungsergebnisse der beiden von Klärwasser beeinflussten Bäche zeigen deutlich auf, dass zum Zeitpunkt der Probennahmen eine längerfristige Verunreinigung bis in den Unterlauf der Bäche vorlag. Hinsichtlich bestimmter Parameter, unterscheiden sich die Ergebnisse jedoch sehr prägnant. Inwieweit die verschiedenen Kläranlagentechniken mit den Differenzen der Messergebnisse zusammenhängen und wie sie sich auf den Gewässerzustand

auswirken, soll im Folgenden erörtert werden. Außerdem wird betrachtet ob die Kläranlagen den rechtlichen Vorgaben genügen.

Beide Abwasserreinigungsanlagen sind an Mischsysteme angeschlossen. Eine getrennte Regenwasserbehandlung findet demnach nicht statt. Während die Kanalisation in Oppenhausen über Regenüberlaufbecken als Auslagerungsbecken verfügt, wird in der Kanalisation von Holzfeld überschüssiges Wasser bei starken Regenereignissen aus dem Stauraumkanal in den Regenüberlauf geleitet. Es kommt also in beiden Kläranlagen zwischenzeitlich zu Verdünnungen durch Niederschlagswasser. Ferner führen beide Verfahren, bei zu starker Regenbelastung, zu einem Überlauf ins nächstliegende Gewässer, was in den Vorflutern wiederum zu erhöhten Nitrat und Phosphatwerten führen kann (Görner & Hübner, 2002).

5.1.3.1 Teichkläranlage Holzfeld

Die belüftete Teichkläranlage Holzfeld verfügt, wie in Kapitel 2.6 bereits aufgeführt, über drei untereinander geschaltete Teiche. Die oberen zwei Teiche dienen als Belebungsbecken und werden über Belüftungsschlangen, in der Mitte der Teiche, bedient. Der dritte Teich wird als Nachklärbecken genutzt. Dessen Oberfläche war zum Zeitpunkt der Probennahmen gänzlich von Wasserlinsen besiedelt. Über bepflanzte Flachwasserzonen und Schönungsteiche verfügte die Anlage jedoch nicht.

Einer Studie des Instituts für Gewässerforschung und Gewässerschutz (IAG) der Universität Kassel zufolge, kommt es in Teichkläranlagen häufig, trotz guter Sauerstoffverhältnisse in den oberen Schichten des Wasserkörpers, zu Sauerstoffdefiziten der bodennahen Wasserschichten. Hierdurch können wiederum die Abbauprozesse organischer Substanzen stark beeinträchtigt werden. Hervorgerufen werden können solche Mangelverhältnisse durch zu hohen Frachteintrag und nicht ausreichende Sauerstoffverteilung durch ungünstige Strömungsverhältnisse im Belebungsbecken. Außerdem können zu geringe Schlammräumungsintervalle ein Auslöser dafür sein (IAG, 2001). Die nicht vorhandenen Zufahrtswege um die Teiche könnten ein Indiz für eine unregelmäßige Schlammräumung darstellen. Den Messergebnissen nach zu urteilen, ist von einer Störung der Abbauprozesse des organischen Materials auszugehen. Insbesondere die hohen Ammonium- und Nitritwerte, sowie die geringe Sauerstoffkonzentration weisen auf unzureichende Nitrifikation und zu niedrige Sauerstoffgehalte im Belebungsbecken hin.

Nach IAG (2001) verhindern die im Nachklärbecken vorhandenen Wasserlinsen, aufgrund ihrer Beschattung der Wasseroberfläche sowohl eine Einstrahlung, als auch einen physikalischen Eintrag von Sauerstoff, welcher für eine hohe Reinigungsleistung unabdingbar ist. Ferner wird der Vorfluter mit unnötigem Eintrag organischer Substanz belastet.

Bepflanzte Flachwasserzonen werden nach IAG (2001), aufgrund ihrer Verschlammung, negativ betrachtet. Relativ schnell könnten die Schotterlagen nicht mehr mit Abwasser durchströmt werden und es käme zu anaeroben Bedingungen. Es wurde außerdem festgestellt, dass Schönungsteiche, zur vermeintlichen Verbesserung des Ablaufs, durch Reduktion der Schmutzfrachten, wie es häufig dargestellt wird, keine bedeutsamen Besserungen ergeben. Diesbezüglich konnte sogar teilweise ein Anstieg der Konzentrationen an Gesamt-Stickstoff festgestellt werden (IAG, 2001). Insgesamt waren die Stickstoffwerte, sowie die des CSB und Ortho-Phosphatgehaltes stark erhöht.

5.1.3.2 Kläranlage Oppenhausen

Im Vergleich zu den erhöhten Werten im Ablauf der Teichkläranlage Holzfeld lagen auch im Ablauf der Kläranlage Oppenhausen erhöhte Werte an Ortho-Phosphat und des CSB vor. Die Gehalte an Ammonium und Nitrit fielen jedoch verhältnismäßig gering aus, was auf eine effektive Reinigungsleistung der Belebungsanlage zurückzuführen ist. Dort wird, im Unterschied zur Kläranlage Holzfeld, der von Mikroorganismen belebte Schlamm fortwährend in Bewegung gehalten, sodass nur eine geringe Sedimentation stattfinden kann (Kranert & Cord-Landwehr, 2010).

Beide Kläranlagen obliegen dem Wasserhaushaltsgesetz (WHG) der Bundesrepublik Deutschland. Nach § 57 WHG muss Abwasser nach dem Stand der Technik gereinigt worden sein, bevor es in ein Gewässer eingeleitet werden darf. Konkrete Mindestanforderungen regelt dabei die Abwasserverordnung (AbwV), in deren Anhang die Anforderungen für häusliches und kommunales Abwasser definiert sind. Hierbei wird nach fünf Größenklassen unterschieden. Diese sind abhängig von der Schmutzfracht des anfallenden Abwassers im Zulauf, welches sich aus dem Einwohnergleichwert für den BSB_5 und der Einwohnerzahl errechnen lässt. Die erste Klasse entspricht umgerechnet einem Abwassereinzugsgebiet bis zu 1.000 Einwohnern. Für die zweite Klasse sind es maximal 5.000 Einwohner. Nicht für jede Größenklasse liegen Grenzwerte aller Parameter vor. Betrachtet werden CSB und BSB_5, Ammonium, sowie Gesamt-Stickstoff und Gesamt-Phosphor. Für die beiden kleinsten Klassen existieren weder Grenzwerte für Ammonium- und Gesamt-Stickstoff, noch für Gesamt-Phosphor. Erst ab einem Gleichwert von 10.000 Einwohnern werden alle Parameter berücksichtigt.

Die Kläranlage Holzfeld ist ausgelegt für 600 Einwohner und fällt somit in die erste Größenklasse, mit einem Grenzwert des CSB von 150 mg/L und einem maximalen BSB_5 von 40 mg/L. Diese Werte wurden von den Untersuchungsergebnissen des Burbachs nicht überschritten, jedoch befand sich die Probenstelle auch nicht direkt im Ablauf der Kläranlage.

Die Kläranlage Oppenhausen, mit einer Auslegung für 1.600 Einwohner, liegt in der zweiten Größenklasse, mit Grenzwerten von 110 mg/L für den CSB und 25 mg/L für den BSB_5. Diese Werte wurden auch von den Messergebnissen des Bachebächelchens nicht überschritten. Dennoch ist auch hier zu beachten, dass sich die Messstelle unterhalb des Ablaufs befand und daher keine genaue

Aussage, bezüglich der Grenzwertüberschreitungen, getroffen werden kann. Außerdem ist, wie in Kapitel 5.1.1 erläutert, von einer Störung des BSB_5 aufgrund von Mikroorganismen schädigender Substanzen auszugehen.

5.2 Entwicklungsziele und Maßnahmen

Nachfolgend soll aufgezeigt werden wie Entwicklungsziele der untersuchten Gewässer aussehen könnten und durch welche Maßnahmen deren Zustand optimiert werden kann.

Dem Lagebericht von 2010 zum Stand der Abwasserbeseitigung in Rheinland-Pfalz zufolge, ist der im Sinne der EG-WRRL angestrebte „gute chemische und ökologische Zustand", für größere Fließgewässer nahezu erreicht. Von allen Fließgewässern, die im Zuge der EG-WRRL bis dato (Stand 2008) untersucht wurden, wiesen lediglich 20 % saprobiell belastete Stellen, der Gewässergüteklassen 3 bis 5, auf. Die betroffenen Abschnitte lagen hauptsächlich in kleineren Mittelgebirgsbächen vor (Umweltministerium Rlp, 2010).

Es konnten in der Vergangenheit, sowohl durch Optimierung der Reinigungstechniken in Kläranlagen, als auch durch gesetzliche Beschränkungen für bestimmte Produktgruppen, enorme Erfolge bezüglich der Nährstoffreduzierung in den Oberflächengewässern erzielt werden. In Rheinland-Pfalz konnte seit 1992 die Konzentration an Gesamt-Stickstoff um 45 % reduziert werden. Weitere Verbesserungen können, dem Umweltministerium Rheinland-Pfalz (2010) zufolge, jedoch nur über die Verminderung diffuser Belastungsquellen erreicht werden. So stagnierte, zum Beispiel, der hauptsächlich auf die Landwirtschaft zurückzuführende Nitratgehalt, innerhalb der letzten beiden umfassenden Untersuchungen des Landes (Umweltministerium Rlp, 2010). Einer Studie der TU Berlin nach, zur Verminderung des Phosphoreintrags aus Kläranlagen, stammen rund 72 % der Phosphoreinträge in deutschen Fließgewässern aus diffusen Quellen, während

25 % auf kommunales Abwasser zurückzuführen sind (Barjenbruch & Exner, 2009).

So ist weiterhin, in den davon betroffenen Gewässern, mit der eutrophierenden Wirkung dieser Substanzen zu rechen. Vor allem von Phosphat geht schon im Mikrogrammbereich eine negative Beeinflussung des Sauerstoffhaushaltes in Gewässern aus (Lange & Otterpohl, 1997). Eine Einschränkung des Lebensraumes für Tiere und Pflanzen sowie der Nutzbarkeit des Grundwassers sind Folgen.

Diesbezüglich nennt die EG-WRRL zwei Entwicklungsziele. Erstens die weitere Reduzierung der Einträge von Stickstoff, Phosphor und Schadstoffen in Oberflächengewässer und Grundwasser. Diese Reduzierung soll unter anderem durch Maßnahmen in der Landwirtschaft aber auch durch die Optimierung und Sanierung sowie durch den Neubau von Abwasserbehandlungsanlagen erfüllt werden.

Zweitens ist eine Verbesserung der Hydromorphologie und der Durchgängigkeit von Oberflächengewässern anzustreben. Dafür werden Maßnahmen bezüglich der Gewässerstruktur vorgeschlagen, auf die jedoch nicht weiter eingegangen werden soll, da die Gewässerstruktur in der vorliegenden Arbeit nicht behandelt wurde (SGD Süd, 2009).

Für Maßnahmen in der Landwirtschaft steht beispielsweise in Rheinland-Pfalz das Programm Agrar-Umwelt-Landschaft (PAULa) bereit. Hierin werden unter anderem sowohl biotischer Ressourcenschutz als auch umweltverträglichere Produktionsmethoden in der Landwirtschaft angestrebt und gefördert (LUWG Rlp, 2012b). Konkrete Maßnahmen, im Sinne der EG-WRRL, sind die Beratung und die Qualifikation von Landwirten, um diese für Umweltprobleme zu sensibilisieren und mit ihnen umweltgerechte Bewirtschaftungsverfahren zu entwickeln. Zum Beispiel können Erweiterungen und Änderungen der Fruchtfolgen zur Nährstofffixierung beitragen.

Des Weiteren sollen Begrünungsmaßnahmen sowie Maßnahmen des

Erosionsschutzes umgesetzt werden. Hierbei sollen beispielsweise Gewässerrandstreifen von ihren Besitzern oder Eigentümern im Hinblick auf ihre hydrologischen und ökologischen Funktionen standortgerecht bewirtschaftet oder gepflegt werden. Eine ackerbauliche Nutzung soll auf diesen Schonstreifen vermieden werden.

Außerdem soll das Pflanzenschutz- und Düngemanagement angepasst werden. So können zum Beispiel umweltfreundliche Ausbringungsverfahren von flüssigen Wirtschaftsdüngern die Stickstoffausnutzung verbessern (Institut biota, 2009).

Für Maßnahmen an den Abwasserbehandlungsanlagen stehen im Untersuchungsgebiet im Wesentlichen zwei Optionen zur Verfügung. Zum einen die Optimierung der vorhandenen Kläranlagen und zum anderen die Zentralisierung der Abwasserreinigung. Auf Grundlage der Machbarkeitsstudie und Wirtschaftlichkeitsbetrachtung des Ingenieurbüros Dr. Siekmann & Partner wurde einer Stilllegung der Kläranlage Holzfeld sowie der Ableitung des anfallenden Abwassers zur Kläranlage Bad Salzig, in der Stadtratssitzung vom 24.02.2012, zugestimmt (Stadtverwaltung Boppard, 2012b). Hinsichtlich der nicht ausgelasteten Kapazität der Kläranlage Bad Salzig (vgl. Kapitel 2.6) und der hohen Belastung des Burbachs scheint diese Zentralisierungsmaßnahme sinnvoll und auch wirtschaftlich ein Mehrwert zu sein. Einer Studie von Haberkern et al. (2008) zufolge, sind durch optimale Energieeffizienz kommunaler Kläranlagen im Mittel nur 15 % Stromeinsparungen möglich, während das Potenzial bei der Steigerung der Stromerzeugung deutlich höher liegt sowie wirtschaftlich und technisch einfacher zu erschließen ist.

Dennoch sollen im Folgenden für die Teichkläranlage in Holzfeld Maßnahmen zur Optimierung aufgezeigt werden. Diese beziehen sich auf die in Kapitel 5.1.3 erläuterten Funktionsweisen der Kläranlage. Zur Verringerung der organischen Belastung wird vom IAG (2001), für den Betrieb von Teichkläranlagen, eine Überprüfung der Strömungsverhältnisse im Belebungsbecken und gegebenenfalls eine Anpassung der Sauerstoffverteilung vorgeschlagen. Diese kann durch Einbringung von Leitwänden oder mit Hilfe stationärer Sauerstoffsonden zur gezielten Steuerung der Belüftungseinrichtung realisiert werden. Des Weiteren wird zur effektiven Schlammräumung der Teiche die Befestigung der Teichsohlen sowie der Teichränder empfohlen. Außerdem sind die Wasserlinsen im Nachklärbecken zu entfernen. Hierfür werden zum einen das Entfernen am Ende der Vegetationsperiode empfohlen, so dass es zu keinen Ablagerungen im Oberlauf des Vorfluters kommt, zum anderen ist bei beginnender Wasserlinsenentwicklung eine Oberflächenströmung zu erzeugen. Dafür kann ein mit Photovoltaik betriebenes Rührwerk eingesetzt werden (IAG, 2001).

5.3 Methodendiskussion

Die in dieser Arbeit verwendeten Methoden sind vereinfacht und stellen ein Werkzeug zur schnellen Abschätzung des Handlungsbedarfs dar. Zur Absicherung der Ergebnisse chemisch-physikalischer Parameter erfolgte jeweils der Vergleich mit der biologischen Untersuchung. Wie in Kapitel 5.1 dargestellt, bestand meist eine enge Korrelation der Gesamteinstufungen über die Indexe nach Bach (1980) und Meyer (1990). Hinsichtlich einer Untersuchung im Rahmen der EG-WRRL sind die verwendeten Methoden jedoch unvollständig und teilweise zu ungenau. Eine ganzheitliche Betrachtung wie sie von der EG-WRRL vorgesehen ist, schließt neben der chemisch-physikalischen und biologischen Untersuchung, eine Betrachtung der Hydromorphologie mit ein. Dabei sind unter anderem die räumliche Gewässerstruktur und der Wasserhaushalt näher zu betrachten, da für das Ziel eines guten ökologischen Zustands meist auch eine Verbesserung der Gewässermorphologie notwendig ist (Umweltbundesamt, 2001). Des Weiteren umfasst die Methodik der EG-WRRL weitaus mehr Parameter, sowohl hinsichtlich des chemischen als auch des biologischen Bewertungsverfahrens. Hierbei sind beispielsweise die Analyse von Schwermetallen und organischen Chemikalien sowie die

Untersuchung der Gewässerflora zu nennen.

Unabhängig von der EG-WRRL sind bestimmte Vorgehensweisen der vorliegenden Untersuchung zu hinterfragen. Zum einen fiel auf, dass nach der Methode von Meyer (1990) die Sammlungsdauer von 10 Minuten kaum ausreicht, um alle vorkommenden Arten zu erfassen. Hier könnte für die vereinfachte Methodik eine räumliche Begrenzung verbunden mit einer maximalen Sammlungsdauer sinnvoller sein. Insbesondere in Anbetracht der großen Bedeutung biologischer Untersuchungen für die Gesamtaussage, scheint eine umfangreiche Erfassung notwendig zu sein.

Des Weiteren ist die Messung der Strömungsgeschwindigkeit aufgrund unterschiedlicher Gewässerzonen als sehr schwankend anzusehen. Für eine vereinfachte Untersuchung könnte es daher geeigneter sein, anstelle der Suche nach repräsentativen Bereichen zur Messung der Strömungsgeschwindigkeit eine grobe Einstufung, in beispielsweise drei Geschwindigkeitsklassen, zu verwenden.

Wie bereits in Kapitel 5.1.1.2 darauf hingewiesen, wäre eine Analyse der Konzentration an Gesamt-Phosphor, insbesondere für einen Vergleich mit Studien aus der Agrarwissenschaft, sehr sinnvoll.

Es ist außerdem festzuhalten, dass eine Fließgewässeruntersuchung entsprechend vieler Probenstellen bedarf, welche mit den gleichen Analysemethoden über einen längeren Zeitraum untersucht werden. Dies ist notwendig um eine exakte Aussage treffen zu können. Doppelbestimmungen und wiederholte Messung bei zu großer Streuung der Messwerte sind dabei methodische Standards (Flad, 1991). Im Rahmen dieser Arbeit wurde aus zeitlichen Gründen dennoch auf eine Mehrfachmessung verzichtet. Über das Zusammenführen der einzelnen Ergebnisse in eine bestimmte Gewässergüteklasse und damit den direkten Vergleich der chemisch-physikalischen mit der biologischen Untersuchung, ließ sich der Handlungsbedarf für die betrachteten Gewässer dennoch relativ sicher eingrenzen. Im Zuge des befristeten Zieles der EG-WRRL ist eine schnelle Abschätzung des Handlungsbedarfs insbesondere für kleinere Gewässer notwendig. Hierbei können vereinfachte Methoden Bachpaten, Gewässerwarten, Fischereiverbänden und Kommunen ein sinnvolles Werkzeug zur Erreichung der erklärten Gewässergütevorgaben sein. Daneben dienen sie zur vorbeugenden Gewässerüberwachung, insbesondere im Hinblick auf kleinere Fließgewässer und Gräben (Baur, 1997).

6 Fazit

Die Ergebnisse, der von Klärwasser beeinflussten Bäche, Burbach und Bachebächelchen zeigen, dass die chemisch-physikalische Gewässergüte im Unterlauf in etwa dem geforderten Zustand der EG-WRRL entspricht. Der biologischen Gütebeurteilung nach scheint der Zustand jedoch periodisch zu schwanken und zuvor schlechter gewesen zu sein. Anhand der Untersuchungen der Referenzbäche hat sich gezeigt, dass Abwasser nicht die einzige beeinflussende Komponente sein kann. Chemisch-physikalisch sowie biologisch befanden sich die Referenzgewässer in einem relativ guten Zustand, wiesen jedoch hohe Nitratwerte auf. In diesem Punkt besteht Bedarf für weitere Untersuchungen um den Einfluss fischereilicher sowie ackerbaulicher Nutzung der Umgebung weiter einzugrenzen.

Handlungsbedarf vergegenwärtigen aber vor allem die Ergebnisse aus dem Oberlauf des Burbachs, welche auf eine unzureichende Vorklärung des Abwassers hindeuten. Auch angesichts der hohen Gehalte an Ortho-Phosphat scheint die geplante Maßnahme einer Stilllegung der Kläranlage Holzfeld und zukünftig zentralen Abwasserbehandlung in Bad Salzig sinnvoll zu sein. Es besteht dort eine eigene Stufe zur Phosphorelimination, welche langfristig auch zur Kreislaufführung von Phosphor ausgebaut werden könnte. Neben Stickstoff ist Phosphor das wichtigste Nährstoffelement des Ökosystems und nicht substituierbar. Angesichts der erschöpfenden Ressourcen wird Phosphat-Recycling kommunaler Kläranlagen eine immer größer werdende Rolle spielen. Einer Studie der RWTH Aachen zufolge liegt das Rückgewinnungspotential in zentralen Anlagen, über die Schlammverwertung zu Klärschlammasche, etwa doppelt so hoch wie bei einer dezentralen Rückgewinnung über das Schlammwasser (Montag, 2008). Derzeit werden die Klärschlämme des Gemeindegebiets landwirtschaftlich genutzt und damit zur Akkumulation von Schadstoffen beigetragen. Eine Phosphor-Rückgewinnung würde langfristig auch zur Senkung der Schadstoffgehalte auf den zur Ausbringung genutzten Flächen beitragen.

So verbinden sich im Thema Wasser sehr vielfältige Aufgaben unserer Zeit. Ob das Ziel der EG-WRRL fristgerecht erreicht werden kann, hängt demnach auch ganz entscheidend von der Vielfalt der Lösungsstrategien ab.

7 Zusammenfassung

Vor dem Hintergrund des Zieles der EG-Wasserrahmenrichtlinie (EG-WRRL), bis 2015 einen mindestens „guten ökologischen und chemischen Zustand" der oberirdischen Gewässer zu erlangen, scheint auch eine Zusammenlegung kommunaler Kläranlagen zur Entlastung kleiner Fließgewässer beizutragen. Im Rahmen eines Konzeptes zur Energieoptimierung kommunaler Kläranlagen im Gemeindegebiet Boppard steht unter anderem die Stilllegung einer Teichkläranlage bevor. Eine Bewertung des Einflusses von Abwasserbehandlungsanlagen auf ihre nahegelegenen Vorfluter kann zur Entscheidungsfindung solcher Konzepte sowie zur Abschätzung des Handlungsbedarfs in Hinsicht auf die EG-WRRL beitragen. In der vorliegenden Arbeit wurde der Zustand zweier Bäche untersucht, in welche vorgeklärtes Abwasser eingeleitet wird. Des Weiteren wurden zwei Bäche als Referenz herangezogen, welche sich hinsichtlich einer Klärwassereinleitung in unbeeinflusstem Zustand befinden. Auswirkungen der jeweiligen Klärverfahren sowie weiterer Verunreinigungsquellen wurden aufgezeigt. Für die Untersuchung sind vereinfachte Methoden zur Bestimmung des chemisch-physikalischen und biologischen Zustandes verwendet worden. Eine Klassifizierung der Gewässergüte erfolgte mittels des ‚Chemischen Index' nach Bach (1980) sowie des ‚Saprobienindex' der makroskopischen Feldmethode nach Meyer (1990).

Die Ergebnisse der Klassifizierung überschritten, in den von Klärwasser beeinflussten Bächen, im Durchschnitt die geforderte Mindestgüte der EG-WRRL. Insbesondere der an die Teichkläranlage angeschlossene Bach wies erhebliche Defizite auf. Der Ablauf der zweiten Kläranlage zeugte von einer deutlich effektiveren Reinigungsleistung im Belebungsbecken, wies jedoch auch auf erhöhte Nährstofffrachten hin. Die untersuchten Referenzgewässer lagen insgesamt in einem besseren Bereich und waren durch eine höhere Artenvielfalt geprägt. Dennoch überschritten drei von vier Bächen den kritischen Bereich des biologischen Sauerstoffbedarfs und wiesen damit auf eine belastende Nährstoffzufuhr hin. Es fiel außerdem auf, dass alle Bäche erhöhte Nitratwerte aufwiesen. In diesem Punkt besteht Bedarf für eine weitere Untersuchung hinsichtlich des Einflusses diffuser Stoffeinträge aus intensiver Umlandnutzung. Strukturelle Defizite im Rahmen einer hydromorphologischen Betrachtung wurden in dieser Arbeit nicht untersucht. Für eine ganzheitliche Abschätzung des Handlungsbedarfs wäre dies jedoch ebenso zu prüfen.

Hinsichtlich eines Fortbestehens der Teichkläranlage wurden Maßnahmenvorschläge erarbeitet, wie zu deren Effektivität beigetragen werden kann. Dennoch wird eine Stilllegung der Teichkläranlage, vor allem in Bezug auf eine Reduzierung der Phosphorgehalte, für sinnvoll gehalten. Eine zentralisierte Behandlung des Abwassers könnte sowohl zur Reduzierung der Nährstofffrachten als auch zur Rückgewinnung der immer knapper werdenden Ressource Phosphor beitragen.

Zur Erreichung des Zieles für 2015, im Rahmen der EG-WRRL, kann konsequenter Gewässerschutz nur heißen, dass der Vielfalt gewässerschädigender Einflüsse mit ebenso vielfältigen Lösungsstrategien begegnet werden muss. So können Förderprogramme für eine umweltgerechtere Landwirtschaft genauso dazu beisteuern, wie eine intensivierte Zusammenarbeit von Kommunen mit Bachpaten, Gewässerwarten und Fischereiverbänden.

Literaturverzeichnis

Agrarmetereologie Rlp. (2012). *Klimadaten der Wetterstationen Gondershausen und Boppard.* Abgerufen am 15. August 2012 von Agrarmetereolgie Rheinland-Pfalz: http://www.am.rlp.de

Bach, E. (1980). *Ein chemischer Index zur Überwachung der Wasserqualität von Fließgewässern. Deutsche gewässerkundliche Mitteilungen (DGM 24, Heft 4/5).* Koblenz: Bundeanstalt für Gewässerkunde.

Barjenbruch, M., Exner, E. (2009). *Leitfaden zur Verminderung des Phosphoreintrags aus Kläranlagen.* Erfurt: Thüringer Ministerium für Landwirtschaft, Naturschutz und Umwelt (TMLNU).

Baur, W. H. (1997). *Gewässergüte bestimmen und beurteilen.* Berlin: Blackwell Wissenschafts-Verlag.

Bayrisches Landesamt für Wasserwirtschaft. (1998). *Integrierte ökologische Gewässerbewertung - Inhalte und Möglichkeiten (Bd. 51).* (Wasserforschungsinstitut, Hrsg.) München: R. Oldenburg Verlag.

BfN. (2012). *Landschaftssteckbrief Oberes Mittelrheintal.* Abgerufen am 12. September 2012 von Bundesamt für Naturschutz: http://www.bfn.de/0311_landschaft+M5013e369f3f.html?&cHash=02c66 7a313bdecd08b50af589a2013f4

BMU. (2000). *Richtlinie 2000/60/EG des Europäischen Parlaments und des Rates.* Abgerufen am 20. September 2012 von Bundesministerium für Umwelt, Naturschutz und Reaktorsicherheit (BMU): http://www.bmu.de/binnengewaesser/downloads/doc/2804.php

Braun, H.-M. (2000). *Hunsrück - Natur-Erlebnis zwischen Nahe und Mosel.* Idar-Oberstein: Dr. Gebhardt und Hilden.

Brehm, J., Meijering, M. P. (1996). *Fließgewässerkunde: Einführung in die Ökologie der Quellen, Bäche und Flüsse - Biologische Arbeitsbücher (Bd. 36).* Wiesbaden: Quelle & Meyer Verlag.

Brühl, W. (1975). *Kratzenburg 975-1975. Raum und Menschen im Wandel einer 1000jährigen Geschichte.* Kratzenburg: Eigenverlag.

Bürgerservice Rlp. (2012). *Kläranlagen Boppard.* Abgerufen am 20. September 2012 von Bürgerservice Rheinland-Pfalz: https://www.rlp-buergerservice.de/bis/stadtboppard_bis/subkategorie_details.jsf;jsessionid=D414E8F854E8CA2F9131BF359D2855D2.tomcat1?_id=100

Burmeister, J. (2003). *Geologie des Mittelrheintals.* Abgerufen am 12. September 2012 von Mittelrhein-Weinfuehrer: http://www.mittelrhein-weinfuehrer.de/Geologie.html

Diepolder, D. M. (2006). *Nitrat- und Phosphorbelastung des Sickerwassers bei Acker- und Grünlandnutzung.* Abgerufen am 5. November 2012 von Bayerische Landesanstalt für Landwirtschaft (LfL): http://www.lfl.bayern.de/iab/duengung/umwelt/17148/index.php?context=/lfl/iab/gruenland/

Eder, G. (2000). *Stickstoffauswaschung schwankt stark. Der fortschrittliche Landwirt (Heft 2).* Graz: Landwirt Agrarmedien GmbH.

Engelhardt, W. (1996). *Kosmos Naturführer: Was lebt in Tümpel, Bach und Weiher? Pflanzen und Tiere unserer Gewässer.* Stuttgart: Franckh Kosmos Verlags GmbH & Co. KG.

Flad. (1991). *Chemischer Index und Gewässergüte.* Abgerufen am 5. September 2012 von Institut Flad: www.chf.de/eduthek/chemischer-index/Chemischer_Index.pdf

Friedrich, G., Lacombe, J. (1992). *Ökologische Bewertung von Fließgewässern. Limnologie aktuell* (Bd. 3). Stuttgart: Gustav Fischer.

Galler, J. (2003). *Argumente statt Emotionen. DLZ (Heft 6).* Hannover: Deutscher Landwirtschaftsverlag GmbH.

GeoPortal Wasser Rlp. (2012). *Kartendienst der Grundwasserlandschaften.* Abgerufen am 16. September 2012 von GeoPortal Wasser Rheinland-Pfalz: http://www.geoportal-wasser.rlp.de/servlet/is/8541/

Görner, K., Hübner, K. (2002). *Gewässerschutz und Abwasserbehandlung.* (K. Hübner, Hrsg.) Berlin, Heidelberg: Springer-Verlag.

Gruyter, W. d. (2010). *Rheinland-Pfalz Jahrbuch 2010.* Berlin: Walter de Gruyter GmbH & Co. KG.

Gunkel, G. (1996). *Renaturierung kleiner Fließgewässer: Ökologische und ingenieurtechnische Grundlagen.* Jena: Gustav Fischer Verlag.

Haberkern, B., Maier, W., Schneider, U. (2008). *Steigerung der Energieeffizienz auf kommunalen Kläranlagen.* Dessau-Roßlau: Umweltbundesamt.

Hackschmidt, A. (2000). *Belastung der Oberflächengewässer durch Kleinkläranlagen im ländlichen Raum. ATV-DVWK-Bundestagung 2000.* Karlsruhe.

Hettwer, K., Warrelmann, J., Heyser, W., Gaab, S., Püttmann, W., Drewes, U. (2006). *Langzeituntersuchungen zur Beurteilung des natürlichen Schadstoffabbaus und -rückhaltes in der Bodenzone.* Dessau: Umweltbundesamt.

IAG. (2001). *Empfehlungen für die Errichtung und den Betrieb von Teichkläranlagen.* Kassel: Institut für Gewässerforschung und Gewässerschutz (IAG). Universität Gesamthochschule Kassel (GhK).

Institut biota. (2009). *Regionalisierung der Nährstoffbelastung in Oberflächengewässern.* Abgerufen am 22. November 2012 von WRRL MV: www.wrrl-mv.de/doku/hintergrund/2009_regionalisierung_naehrstoffbelastung.pdf

Jochen Hohmann, W. K. (1995). *Renaturierung von Fließgewässern.* Landsberg: ecomed verlagsgesellschaft AG & Co. KG.

Klapper, H. (1992). *Eutrophierung und Gewässerschutz: Wassergütebewirtschaftung, Schutz und Sanierung von Binnengewässern.* Jena: Gustav Fischer Verlag.

Koenigswald, W. v., Meyer, W. (1994). *Erdgeschichte im Rheinland - Fossilien und Gesteine aus 400 Millionen Jahren.* München: Dr. Friedrich Pfeil.

Kranert, M., Cord-Landwehr, K. (2010). *Einführung in die Abfallwirtschaft.* (K. Cord-Landwehr, Hrsg.) Wiesbaden: Vieweg+Teubner Verlag, Springer Fachmedien GmbH.

Lange, J., Otterpohl, R. (1997). *Abwasser. Handbuch zu einer zukunftsfähigen Wasserwirtschaft.* Donaueschingen-Pfohren: Mall-Beton-Verlag.

LANIS. (2012). *Kartendienst ETRS89.* Abgerufen am 7. September 2012 von Landschaftsinformationssystem der Naturschutzverwaltung: http://map1.naturschutz.rlp.de/mapserver_lanis/

LGB Rlp. (2008). *Online Bodenkarten.* Abgerufen am 16. September 2012 von Landesamt für Geologie und Bergbau Rheinland-Pfalz (LGB-Rlp): http://www.lgb-rlp.de/bodenkarten.html

Ludwig, H. W. (1993). *BLV Bestimmungsbuch: Tiere in Bach, Fluß, Tümpel, See - Merkmale, Biologie, Lebensraum, Gefährdung.* München: BLV Verlagsgesellschaft.

LUWG Rlp. (2012a). *Aktion BLAU.* Abgerufen am 16. September 2012 von Landesamt für Umwelt, Wasserwirtschaft und Gewerbeaufsicht Rheinland-Pfalz: http://www.luwg.rlp.de/Projekte/Aktion-Blau/

LUWG Rlp. (2012b). *PAULa-Beratung (Vertragsnaturschutz).* Abgerufen am 5. November 2012 von Landesamt für Umwelt, Wasserwirtschaft und Gewerbeaufsicht Rheinland-Pfalz: http://www.luwg.rlp.de/Aufgaben/Naturschutz/Arten-und-Biotopschutz/PAULa-Beratung-Vertragsnaturschutz/

Macherey-Nagel GmbH & Co. KG. (2011a). *Beipackzettel NANOCOLOR®.* Abgerufen am 5. September 2012 von Macherey-Nagel: http://www.mn-net.com

Macherey-Nagel GmbH & Co. KG. (2011b). *Beipackzettel VISOCOLOR® ECO.* Abgerufen am 05. September 2012 von Macherey-Nagel: http://www.mn-net.com/

Meyer, D. (1990). *Makroskopisch-biologische Feldmethode zur Wassergütebeurteilung von Fließgewässern.* Hannover: Arbeitsgemeinschaft Limnologie und Fließgewässer (ALG) e.V.

Meyer, W., Stets, J. (1996). *Das Rheintal zwischen Bingen und Bonn. Sammlung geologischer Führer* (Bd. 89). Stuttgart: Borntraeger.

Michael Dembinski, U. W. (1997). *Renaturierung von Fließgewässern und Auen, VSÖ Publikationen* (Bd. 2). (U. Werder, Hrsg.) Hamburg: ad fontes verlag.

Montag, D. (2008). *Phosphorrückgewinnung bei der Abwasserreinigung - Entwicklung eines Verfahrens zur Integration in kommunale Kläranlagen.* Abgerufen am 28. November 2012 von RWTH Aachen: darwin.bth.rwth-aachen.de/opus3/volltexte/Montag_David.pdf

Niehoff, N. (1996). *Ökologische Bewertung von Fließgewässerlandschaften. Grundlagen für Renaturierung und Sanierung.* Heidelberg: Springer-Verlag.

Sauer, F. (1994). *Sauers Naturführer: Wasserinsekten.* Karlsfeld: Fauna-Verlag.

Schindler, H., Frey, W. (2002). *Grundlagen der Gewässerentwicklung in Rheinland-Pfalz. Quelltypenatlas.* Mainz: Landesamt für Wasserwirtschaft Rheinland-Pfalz (heute LUWG).

SGD Süd. (2009). *Die europäische Wasserrahmenrichtlinie. Eine neue Chance für die Gewässer in Rheinland-Pfalz.* Abgerufen am 12. November 2012 von Struktur und Genehmigungsdirektion Süd Wasserwirtschaft, Abfallwirtschaft und Bodenschutz: www.sgdsued.rlp.de

Stadtverwaltung Boppard. (2012a). *Wirtschaftsplan Boppard 2012.* Abgerufen am 20. September 2012 von Boppard online: http://www.boppard.de/fileadmin/PDF/Haushaltsplan/Wirtschaftsplan-2012.pdf

Stadtverwaltung Boppard. (2012b). *Beschlussvorlage der Stadtratssitzung vom 25.06.2012.* Abgerufen am 29. September 2012 von Stadtverwaltung Boppard: http://www.fwg-boppard.de/index.html-Dateien/Niederschriften/Einladungen/Stadt/25.06.2012%28VL%29StR.pdf

Streble, H., Krauter, D. (2006). *Kosmos Naturführer: Das Leben im Wassertropfen - Mikroflora und Mikrofauna des Süßwassers - Ein Bestimmungsbuch.* Stuttgart: Franckh-Kosmos Verlags-GmbH

UfU e.V. (2002). *Gewässergüte-Bewertung.* Abgerufen am 28. September 2012 von Unabhängiges Institut für Umweltfragen (UfU). Bachpatenschaften: http://www.bachpatenschaften.de/texte/31gewaesserguete_chemie.html

Umweltbundesamt. (2001). *Qualitätssicherung unter dem Aspekt der Umsetzung der EG-WRRL.* Abgerufen am 16. September 2012 von Wasser, Trinkwasser und Gewässerschutz des Umweltbundesamtes: www.umweltbundesamt.de/wasser/themen/wrrl/QS_DGL_UBA_LAWA_04_05_05.pdf

Umweltministerium Rlp. (2009). *Bestandsaufnahme der Wasserrahmenrichtlinie.* Abgerufen am 16. September 2012 von Ministerium für Umwelt, Landwirtschaft, Ernährung, Weinbau und Forsten Rheinland-Pfalz: http://www.wrrl.rlp.de/servlet/is/8229/

Umweltministerium Rlp. (2010). *Lagebericht 2010. Stand der Abwasserbeseitigung in Rheinland-Pfalz.* Mainz: Ministerium für Umwelt, Landwirtschaft, Ernährung, Weinbau und Forsten Rheinland-Pfalz.

UNESCO. (2002). *Welterbe Oberes Mittelrheintal.* Abgerufen am 12. September 2012 von Deutsche UNESCO-Kommission e.V.: http://www.unesco.de/947.html

Weber, M. (2004). *Die EU-Wasserrahmenrichtlinie - Ziele, Instrumente und Umsetzung*. Rostock: Meeresbiologische Beiträge.

Wissing, F., Hofmann, K. (2002). *Wasserreinigung mit Pflanzen*. Stuttgart: Eugen Ulmer GmbH & Co.

WTW GmbH. (2012). *Portable Messgeräte*. Abgerufen am 05. September 2012 von WTW Wissenschaftlich-Technische Werkstätten: http://www.wtw.de

Zoebel, H. (24. Mai 2012). Informationen zum Untersuchungsgebiet Holzfeld. (S. Fiedler, Interviewer)

Anhangsverzeichnis

Anhang I Feldprotokoll... VIII
Anhang II Tabellen für die Bestimmung des CI................................ XI
Anhang III Berechnung des CI nach Bach (1980).......................... XIX
Anhang IV Artenliste und Auswertungstabelle XXIII

Anhang I

Probenahmeprotokoll

Probename	
Probenummer	
Datum: Uhrzeit	

Probenahmestelle

Gewässername	
Standort	
GPS-Koordinaten	
Höhe (m)	
Luftdruck (hPa)	
Wetterlage	Niederschläge am Untersuchungstag: (1) viel (2) wenig (3) keine Niederschläge in den letzten Tagen: (1) viel (2) wenig (3) keine
Lufttemperatur (°C)	
Besonderheiten	

Wasserkörper

Parameter	Beschreibung	Bemerkung
Breite (m)		
Tiefe (m)		
Strömungsgeschwindigkeit (m/s)		
Beschattung (1-3) Pflanzen (3-6)	(1) fehlend (2) teilweise (3) völlig	(1) Wasserpflanzen (2) Schwimmblattpflanzen (3) Röhricht
Sonstiges	(1) Ölfilm (2) Schaumbildung (leicht) (3) Müll	

Ufer

Parameter	Beschreibung		
Neigung (1-5) Bewuchs (6-9) Ausbau (10-13)	(1) senkrecht (2) steil (3) mäßig steil (4) flach (5) sumpfig	(6) kein Bewuchs (7) Gras (8) Sträucher (9) Baumbestand	(10) naturnah (11) Steinschüttung (12) Beton- oder Steinmauer (13) verrohrt
Einleiter (GPS Punkt setzen!)	(1) Seitenbach (2) Graben (3) Rohr		

Landschaft

Parameter	Beschreibung		Bemerkung
Flußverlauf (1-4) Umgebung (5-11)	(1) kurvenreich (2) leicht gewunden (3) gerade (4) künstl. Begradigt	(5) Wiesen u. Weiden (6) Felder (7) Brachland (8) Wald (9) Park (10) Ortschaft (11) Industrie	

Makrozoobenthos

Zeitpunkt Artenliste Häufigkeit	

Probenahme

Verfahren [1]	Messung	Zeit	Bemerkung
Wassertemperatur (°C)			
Leitfähigkeit (µS/cm)			
pH-Wert			
O2-Konzentration (mg/L)			
O2-Sättigung (%)			
CSB (mg/L)			
Phosphat (VISOCOLOR®) (mg/L)			
Ortho-Phosphat (mg/L)			
Nitrat (VISOCOLOR®) (mg/L)			
Nitrat (mg/L)			
Ammonium (mg/L)			
Nitrit (mg/L)			
BSB5 (mg/L)			

1) siehe Kapitel 3.1 (Messmethoden)

X

Anhang II

Tabellen und Diagramme für die Bestimmung der Subindices zur Ermittlung des Chemischen Index' nach Bach (1980)

Temperatur

Tabelle 13: Subindices der Temperatur

Temperatur	Subindex
14	100
15	99
16	97,5
17	95
18	90
19	79
20	67,5
21	56
22	45
23	33,5
24	22
25	15
26	9
27	5,5
28	3
29	1,5
30	1

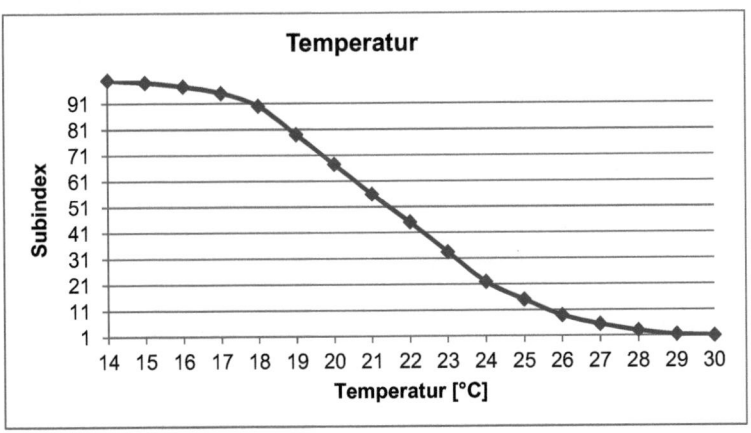

Abbildung 0-1: Kurve der temperaturabhängigen Subindices

Sauerstoffgehalt

Tabelle 14: Subindices des Sauerstoffgehaltes

Sauerstoff	Subindex
0	2
5	2,5
10	3
15	4,5
20	6
25	9
30	12
35	15
40	19
45	24
50	30
55	36
60	43
65	53
70	63
75	71
80	79
85	86
90	93
95	99
96	100
100	100
105	100
106	100
110	97
115	95
120	90,5
125	87
130	83

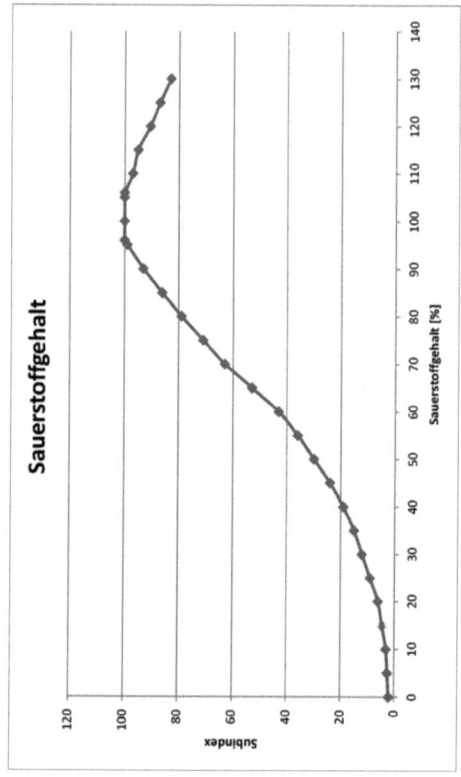

Abbildung 0-2: Kurve der sauerstoffabhängigen Subindices

BSB_5

Tabelle 15: Subindices des BSB_5

BSB5	Subindex
0	100
0,5	99,5
1	98
1,5	95
2	90
2,5	84
3	76
3,5	68
4	61
4,5	54
5	48
5,5	42
6	37
7	28
8	20,5
9	14,5
10	10
15	4

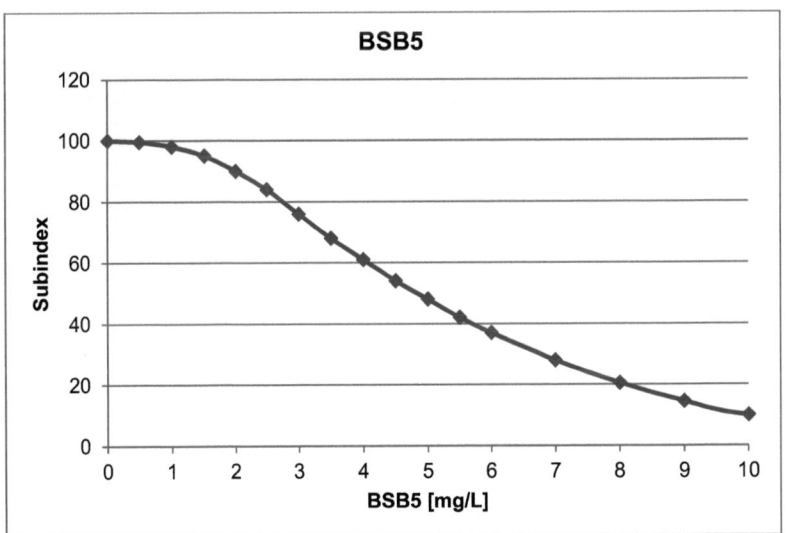

Abbildung 0-3: Kurve der BSB5 abhängigen Subindices

pH-Wert

Tabelle 16: Subindices des pH-Wertes

pH	Subindex
3	1
3,5	2,5
4	7
4,5	13
5	22
5,5	34,5
6	56,5
6,5	78,5
6,6	83
6,7	87,5
6,8	92
6,9	96
7	98,5
7,1	99,5
7,2	100
7,3	100
7,4	99,5
7,5	98,5
7,6	96
7,7	92
7,8	87,5
7,9	83,5
8	78,5
8,5	55,5
9	33
9,5	18
10	10,5

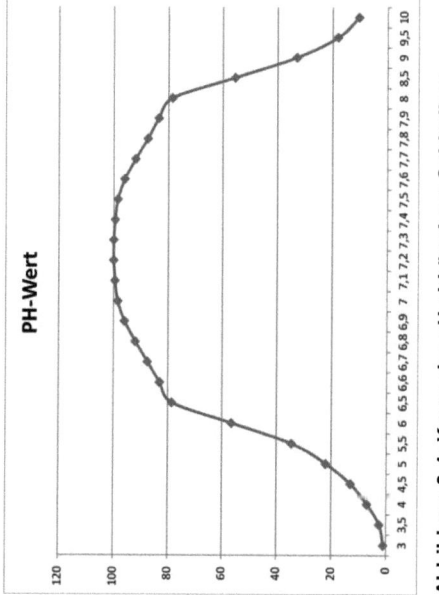

Abbildung 0-4: Kurve der pH-abhängigen Subindices

Nitrat

Tabelle 17: Subindices des Nitratgehaltes

Nitrat	Subindex
0	100
2	94
4	88
6	82
8	76
10	70,5
12	64,5
14	58,5
16	52,5
18	46,5
20	40,5
22	35,5
24	30
26	26
28	23
30	20
36	15
40	10

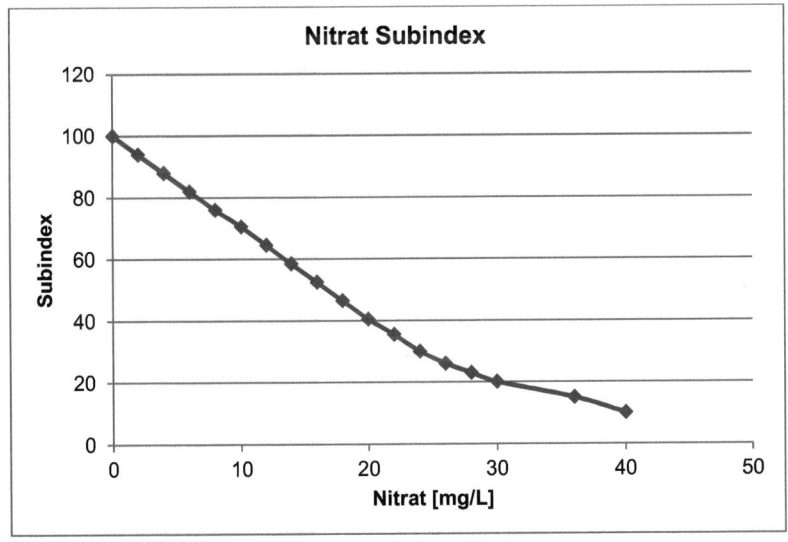

Abbildung 0-5: Kurve der nitratabhängigen Subindices

Phosphat

Tabelle 18: Subindices des des Phosphatgehaltes

Phosphat	Subindex
0	100
0,1	95
0,2	84
0,3	72
0,4	60
0,5	48
0,6	39
0,7	31,5
0,8	25
0,9	20
1	16
1,1	12,5
1,2	10
1,3	8
1,4	7
1,5	6
1,6	5,5
1,8	5
2	5
2,5	4
3	3
4	2
5	1

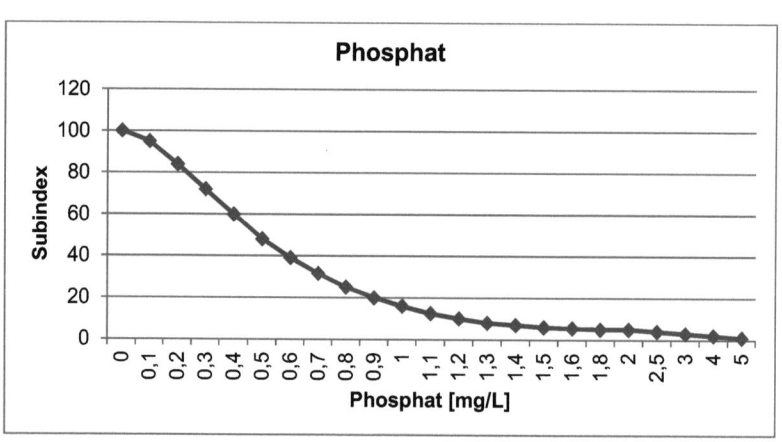

Abbildung 0-6: Kurve der phosphatabhängigen Subindices

Ammonium

Tabelle 19: Subindices des Ammoniumgehaltes

Ammonium	Subindex
0	100
0,2	84
0,4	60
0,6	49
0,8	40
1	35
1,2	31
1,4	28,5
1,6	26,5
1,8	24,5
2	23
2,5	20
3	18
4	15,5
5	12
6	10
8	6,5
10	4,5
13	3,5

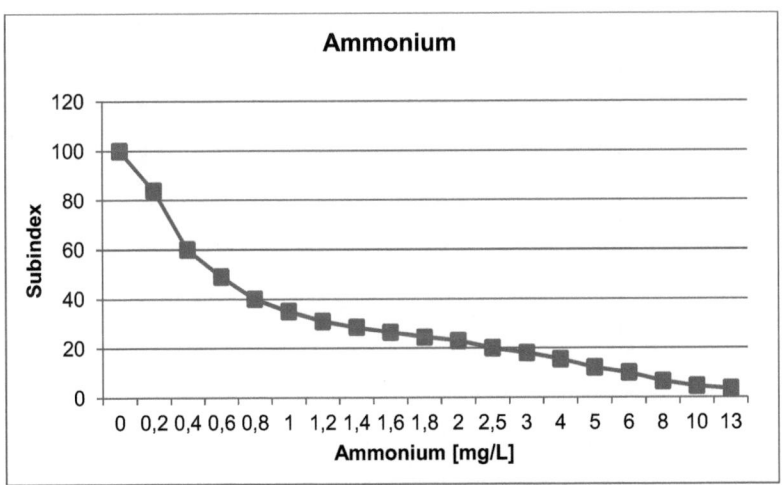

Abbildung 0-7: Kurve der ammoniumabhängigen Subindices

Leitfähigkeit

Tabelle 20: Subindices der Leitfähigkeit

Leitfähigkeit	Subindex
0	72
25	85
50	91
75	95
100	97,5
125	99,5
150	100
175	99,5
200	98,5
225	97
250	95,5
275	93
300	91
350	85
400	77
450	70
500	63
550	56
600	50
700	39
800	31
900	24
1000	19
1100	15
1200	13
1300	11
1400	10
1500	9
2000	8
3000	6
4000	4
5000	2

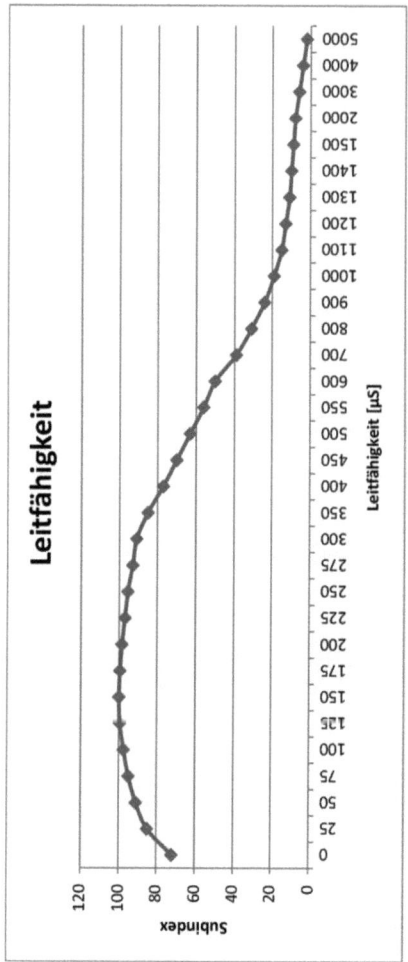

Abbildung 0-8: Kurve der leitfähigkeitsabhängigen Subindices

Anhang III
Berechnung des Chemischen Index' nach Bach (1980)

Tabelle 21: Gütegliederung von Fließgewässern anhand des Chemischen Index'

Indexzahl	Güteklasse	Beurteilung
100 – 83	I	unbelastet bis sehr gering belastet
82 – 74	I-II	gering belastet
73 – 56	II	mäßig belastet
55 – 45	II-III	kritisch belastet
44 – 27	III	stark verschmutzt
26 – 18	III-IV	sehr stark verschmutzt
17 – 0	IV	übermäßig stark verschmutzt

Burbach

Tabelle 22: Probenstelle A1, Berechnung des Chemischen Index'

Nr.	Parameter	Dimension	Messwert	Subindex	Exponent	Multiplikator
1	O2-Sättigung	%	64	51	0,2	2,20
2	BSB	mg/L	5	48	0,2	2,17
3	Temperatur	°C	16,5	96,25	0,08	1,44
4	Ammonium	mg/L	> 2,3	21,2	0,15	1,58
5	Nitrat	mg/L	4,9	85,3	0,1	1,56
6	Phosphat	mg/L	> 1,5 (2-3)	4	0,1	1,15
7	pH-Wert		7,65	94	0,1	1,58
8	Leitfähigkeit	µS/cm	758	34,36	0,07	1,28

Nr.	1 x 2 x 3 x 4 x 5 x 6 x 7 x 8 = CI	Gewässergüte
Multiplikator	2,2 x 2,2 x 1,4 x 1,6 x 1,6 x 1,1 x 1,6 x 1,3 = 39	III

Tabelle 23: Probenstelle A2, Berechnung des Chemischen Index'

Nr.	Parameter	Dimension	Messwert	Subindex	Exponent	Multiplikator
1	O2-Sättigung	%	91,2	94,44	0,2	2,48
2	BSB	mg/L	< 1	98	0,2	2,50
3	Temperatur	°C	14,1	99,9	0,08	1,45
4	Ammonium	mg/L	1,92	23,6	0,15	1,61
5	Nitrat	mg/L	5,8	82	0,1	1,55
6	Phosphat	mg/L	> 1,5 (2-3)	4	0,1	1,15
7	pH-Wert		7,88	84,3	0,1	1,56
8	Leitfähigkeit	µS/cm	615	48,35	0,07	1,31

Nr.	1 x 2 x 3 x 4 x 5 x 6 x 7 x 8 = CI	Gewässergüte
Multiplikator	2,5 x 2,5 x 1,4 x 1,6 x 1,6 x 1,1 x 1,6 x 1,3 = 53	II-III

Tabelle 24: Probenstelle A3, Berechnung des Chemischen Index'

Nr.	Parameter	Dimension	Messwert	Subindex	Exponent	Multiplikator
1	O2-Sättigung	%	93,3	96,96	0,2	2,50
2	BSB	mg/L	< 1	98	0,2	2,50
3	Temperatur	°C	14	100	0,08	1,45
4	Ammonium	mg/L	< 0,04	96,8	0,15	1,99
5	Nitrat	mg/L	6,3	81,1	0,1	1,55
6	Phosphat	mg/L	> 1,5 (1-2)	6	0,1	1,20
7	pH-Wert		8,18	70,22	0,1	1,53
8	Leitfähigkeit	µS/cm	605	49,45	0,07	1,31

Nr.	1 x 2 x 3 x 4 x 5 x 6 x 7 x 8 = CI	Gewässergüte
Multiplikator	2,5 x 2,5 x 1,4 x 2 x 1,6 x 1,2 x 1,5 x 1,3 = 67	II

Patelsbach

Tabelle 25: Probenstelle B1, Berechnung des Chemischen Index'

Nr.	Parameter	Dimension	Messwert	Subindex	Exponent	Multiplikator
1	O2-Sättigung	%	95,8	99,8	0,2	2,51
2	BSB	mg/L	4	61	0,2	2,28
3	Temperatur	°C	12,7	100	0,08	1,45
4	Ammonium	mg/L	< 0,04	96,8	0,15	1,99
5	Nitrat	mg/L	6	82	0,1	1,55
6	Phosphat	mg/L	< 0,05	97,5	0,1	1,58
7	pH-Wert		7,46	98,9	0,1	1,58
8	Leitfähigkeit	µS/cm	401	76,86	0,07	1,36

Nr.	1 x 2 x 3 x 4 x 5 x 6 x 7 x 8 = CI	Gewässergüte
Multiplikator	3 x 2 x 1 x 2 x 2 x 2 x 2 x 1 = 86	I

Tabelle 26: Probenstelle B2, Berechnung des Chemischen Index'

Nr.	Parameter	Dimension	Messwert	Subindex	Exponent	Multiplikator
1	O2-Sättigung	%	100	100	0,2	2,51
2	BSB	mg/L	3	76	0,2	2,38
3	Temperatur	°C	13,3	100	0,08	1,45
4	Ammonium	mg/L	0,04	96,8	0,15	1,99
5	Nitrat	mg/L	4,9	85,3	0,1	1,56
6	Phosphat	mg/L	0,06	97	0,1	1,58
7	pH-Wert		7,91	83	0,1	1,56
8	Leitfähigkeit	µS/cm	442	71,12	0,07	1,35

Nr.	1 x 2 x 3 x 4 x 5 x 6 x 7 x 8 = CI	Gewässergüte
Multiplikator	3 x 2 x 1 x 2 x 2 x 2 x 2 x 1 = 89	I

Bachebächelchen

Tabelle 27: Probenstelle C1, Berechnung des Chemischen Index'

Nr.	Parameter	Dimension	Messwert	Subindex	Exponent	Multiplikator
1	O2-Sättigung	%	97,3	100	0,2	2,51
2	BSB	mg/L	6	37	0,2	2,06
3	Temperatur	°C	17,9	90,5	0,08	1,43
4	Ammonium	mg/L	0,04	96,8	0,15	1,99
5	Nitrat	mg/L	1,7	94,9	0,1	1,58
6	Phosphat	mg/L	0,73	29,55	0,1	1,40
7	pH-Wert		8,4	60,1	0,1	1,51
8	Leitfähigkeit	µS/cm	1104	14,92	0,07	1,21

Nr.	1 x 2 x 3 x 4 x 5 x 6 x 7 x 8 = CI	Gewässergüte
Multiplikator	3 x 2 x 1 x 2 x 2 x 1 x 2 x 1 = 59	II

Tabelle 28: Probenstelle C2, Berechnung des Chemischen Index'

Nr.	Parameter	Dimension	Messwert	Subindex	Exponent	Multiplikator
1	O2-Sättigung	%	93,5	97,2	0,2	2,50
2	BSB	mg/L	10	10	0,2	1,58
3	Temperatur	°C	17,5	92,5	0,08	1,44
4	Ammonium	mg/L	0,014	98,88	0,15	1,99
5	Nitrat	mg/L	1,7	94,9	0,1	1,58
6	Phosphat	mg/L	0,65	35,25	0,1	1,43
7	pH-Wert		8,43	58,72	0,1	1,50
8	Leitfähigkeit	µS/cm	1044	17,24	0,07	1,22

Nr.	1 x 2 x 3 x 4 x 5 x 6 x 7 x 8 = CI	Gewässergüte
Multiplikator	2 x 2 x 1 x 2 x 2 x 1 x 2 x 1 = 47	II-III

Eltesbächelchen

Tabelle 29: Probenstelle D1, Berechnung des Chemischen Index'

Nr.	Parameter	Dimension	Messwert	Subindex	Exponent	Multiplikator
1	O2-Sättigung	%	85,6	86,84	0,2	2,44
2	BSB	mg/L	7	28	0,2	1,95
3	Temperatur	°C	13,2	100	0,08	1,45
4	Ammonium	mg/L	< 0,04	96,8	0,15	1,99
5	Nitrat	mg/L	5,7	82,9	0,1	1,56
6	Phosphat	mg/L	0,07	96,5	0,1	1,58
7	pH-Wert		7	98,5	0,1	1,58
8	Leitfähigkeit	µS/cm	311	89,68	0,07	1,37

Nr.	1 x 2 x 3 x 4 x 5 x 6 x 7 x 8 = CI	Gewässergüte
Multiplikator	2 x 2 x 1 x 2 x 2 x 2 x 2 x 1 = 73	II

Tabelle 30: Probenstelle D2, Berechnung des Chemischen Index'

Nr.	Parameter	Dimension	Messwert	Subindex	Exponent	Multiplikator
1	O2-Sättigung	%	93	96,6	0,2	2,49
2	BSB	mg/L	8	20,5	0,2	1,83
3	Temperatur	°C	16,3	96,75	0,08	1,44
4	Ammonium	mg/L	0,06	95,2	0,15	1,98
5	Nitrat	mg/L	1,9	94,3	0,1	1,58
6	Phosphat	mg/L	0,11	93,9	0,1	1,57
7	pH-Wert		8,15	71,6	0,1	1,53
8	Leitfähigkeit	µS/cm	535	58,1	0,07	1,33

Nr.	1 x 2 x 3 x 4 x 5 x 6 x 7 x 8 = CI	Gewässergüte
Multiplikator	2 x 2 x 1 x 2 x 2 x 2 x 2 x 1 = 66	II

Anhang IV
Artenliste

Tabelle 31: Liste gefundener Arten

Name	Wissenschaftlicher Name
Blasenschnecke	Physa acuta
Gemeiner Flohkrebs	Gammarus pulex
Köcherfliegenlarve	Hydropsyche sp.
Langfühlerige Schnauzenschnecke	Bithynia tentaculata
Rollegel	Eprobdella octoculata
Roter Schlammröhrenwurm	Tubifex sp.
Spitzschlammschnecke	Lymnaea stagnalis
Steinfliegenlarve	Leuctra sp.
Steinfliegenlarve	Amphinemura sp.
Zuckmückenlarve	Chironomus sp.

Auswertung des Makrozoobenthos

Tabelle 32: Berechnung der Gewässergüteklassen

Makrozoobenthos	Gebiet	Anzahl gefundener Exemplare an Probenstelle								
	Gewässer	Holzfeld			Rheinbay		Oppenhausen			
		Burbach			Patelsbach		Bachebäch.		Eltesbäch.	
Name	Probe Index	A1	A2	A3	B1	B2	C1	C2	D1	D2
Eprobdella octoculata	3	15	12	19			29	40		
Tubifex sp.	3,8	10	8	7			5	6		
Physa acuta	2,8			1				3		
Bithynia tentaculata	2,3						2		3	3
Lymnaea stagnalis	1,9				3	5		12		
Gammarus pulex	2				15	10	50	35	32	70
Leuctra sp.	1,5				10	8		5		
Amphinemura sp.	1,4				5			3		
Chironomus sp.	3,6	20								
Hydropsyche sp.	2				5	7		1		
Quantitative Gesamthäufigkeit		45	20	27	38	30	86	85	55	73
Gesamthäufigkeit (nach Index)		8	5	6	11	8	10	13	13	7
Gesamtsumme		27,4	16,6	19,4	19,6	14,8	26,9	35,2	24,1	14,6
Saprobienindex		3,43	3,32	3,23	1,78	1,85	2,69	2,71	1,85	2,09
Gewässergüteklasse		III-IV	III-IV	III-IV	I-II	II	II-III	III	II	II

i want morebooks!

Buy your books fast and straightforward online - at one of world's fastest growing online book stores! Environmentally sound due to Print-on-Demand technologies.

Buy your books online at
www.get-morebooks.com

Kaufen Sie Ihre Bücher schnell und unkompliziert online – auf einer der am schnellsten wachsenden Buchhandelsplattformen weltweit! Dank Print-On-Demand umwelt- und ressourcenschonend produziert.

Bücher schneller online kaufen
www.morebooks.de

 VDM Verlagsservicegesellschaft mbH
Heinrich-Böcking-Str. 6-8   Telefon: +49 681 3720 174   info@vdm-vsg.de
D - 66121 Saarbrücken   Telefax: +49 681 3720 1749   www.vdm-vsg.de

Printed by Books on Demand GmbH, Norderstedt / Germany